〔日〕梯谷幸司 / 著

陈佳玉 / 译

土要看你忘么想

天地出版社 | TIANDI PRESS

体力劳动能挣碎银数两，

脑力劳动可创财富无限。

——托马斯·爱迪生（发明家）

潜意识

是一位技术高超的驾驶员

非常感谢您能阅读本书。

这本书讲述的是"潜意识",还会进一步探索到控制我们全身的"后设潜意识"领域,并在此第一次公开说明如何通过潜意识来增加自己的财富。

为了磨炼潜意识,我将悉数讲解其实践方法。

如果有人让你一直去遵循那些你不能认同的规则时,你会怎么想呢?

大概会觉得很抗拒吧。

但如果在你自身的潜意识中,你就是在做着相同的事情,你又会如何反应呢?

"真不懂赚钱的意义何在。"

"不知道努力赚钱究竟是为了什么。"

或许在你的潜意识里，你明明就是这样想的，但还是不断地告诉自己："反正我就是要多赚点。"

这就如同你在反抗强制你做那些不明所以的事情一样，你的潜意识也在反抗。

当你不满意现在的收入时，也很有可能出现这样的情况。

潜意识就如同一位技术高超的驾驶员，只要告诉他目的地，他就一定会带你去到想去的地方。

但是，如果当驾驶员问道："这位客人，您要去哪儿呀？"你若是自己都不确定，纠结地回答："要是去涩谷那边的话，我可能会很晚回家；要是去新宿的话，我的心情可能会变得很糟糕。"那结果就是你哪儿也去不了。

"所以，您到底是想去哪儿呢？"

"不知道，反正我就是想要钱。"

"那要那么多钱是为了什么呢？"

"这我也不清楚，我也不知道自己想要那么多钱的目的何在。"

因此，无论司机驾驶技术有多么高超，如果你不确定自己想要去的地方，他就不能带你去到你想去的地方。

"这位客人，你要上哪儿？"

"日本。"

"不好意思，这里就是日本！"

目的不明确的话，大脑和潜意识都不知道你要干什么。

我曾在前著《无意识的力量》中解释过在无形中左右着我们的"后设潜意识"，引起了巨大的社会反响。

所以这本书的主题就是来讲讲如何活用这个"后设潜意识"。

但我的目的并不是单纯地为大家讲述该如何赚钱，而是想要传达"塑造人格"的方法，一种可以拥有并积累财富的人格。

这里说的"财富"并不仅仅指金钱，更是指可以带来财富的人脉、机会、环境、思维方式、健康状态……这所有因素都与"潜意识"有关。

还会详细讲述你在生活中应该充当什么样的角色，如何干劲满满地开启每一天。

本书会系统地带领你一步步进行训练，提高整合必要资源的能力。

我觉得入手这本书的人应该有着各式各样的动机。

我敢断言，这本书所讲述的内容一定是在今后的某个时期，每个人都想要努力做到的事情。

想拥有更有趣的人生，或是想成为"天选之子"的您，如能活用本书，我将不胜荣幸。

目　录

第五步　利用集体潜意识来寻找答案

引子

让『潜意识』助你一臂之力

你是否真正主宰了蛮不讲理的潜意识?

假设这里有两位老板。

老板 A: "你们要为了我而努力工作! "

老板 B: "我希望通过我们的商品可以让这个世界更加绚烂多彩。为此,大家可以相互合作提高销量吗? "

请问你想在哪位老板手下工作呢?

你的想法大概是: "不想为老板 A 工作,想为老板 B 工作。"在你的潜意识里,你和老板 A 的想法如出一辙的话……

"因为老板想缓解自己的不安,所以让我去给他挣钱。"

"因为老板想出去旅游,所以让我去给他挣钱。"

"因为老板想出人头地证明自己,所以让我去给他挣钱。"

"因为老板想受万人瞩目，所以让我去给他挣钱。"

如果转变为老板 A 的思维模式，你的潜意识就会觉得："我为什么非要为了他而去工作呢？"

当潜意识开始抵抗时，你便无法积聚财富。

当潜意识发出疑问："挣钱到底是为了什么？"这时你就必须要认真对待这个问题。明确自己想拥有财富的原因之后，金钱、人脉、信息，这些才有可能向你涌来。

为自己设限正在限制你的创收

你觉得自己年收入的最高界限在哪里？

如果这个界限在 100 万日元的话，当你赚到 90 万日元时，大脑就会开始想要喊停了。因为大脑不愿让自己接近极限状态。

那么，就不要把这个极限状态设定为 100 万日元，改为 300 万日元试试。这时候的 100 万日元不过是一个小目标，但其实我们要的可不止这个数。

真实的情况就是这样，无论谁都会笼统模糊地为自己设定一个"界限"，然后我们就只会对这个界限深信不疑。

对于潜意识来说，赚 1 万日元和赚 1 亿日元都是一样的。因为无论赚多少，对它们来说都只是单纯的赚钱行为。

那么，为什么赚 1 万日元这么简单而赚 1 亿日元却这么难呢？

答案就在这句话中：

"赚 1 万日元还挺简单的，但是赚 1 亿日元好难。"

就是因为你对这句话深信不疑，就是这样的想法让你有了想要停止赚钱的念头。

年收入 300 万日元的人有年收入 300 万日元的能力，因为他有着 300 万日元的人格，所以他只能挣到 300 万日元。年收入 1 亿日元的人有年收入 1 亿日元的能力，因为他有着 1 亿日元的人格，所以他就能挣到这 1 亿日元。就是这么简单。

你是怎样的人格呢？人格会反映在现实生活中，又被现实生活影响。

发明大王托马斯·爱迪生曾说："体力劳动能挣碎银数两，脑力劳动可创财富无限。"

那么在实际生活中，我们要怎么做才对呢？

"对未来的意识"与"人格的高低"
在收入中的占比

　　我 27 岁的时候独自创业，最开始我只有 1428 日元的存款。白天营业，晚上干临时工，勉强糊口度日。我想要出人头地，想要有丰厚的收入，所以我就找到那些功成名就的人，向人家请教方法。

　　其中，有 5 位让我觉得很有意思的人。

　　他们有人曾经要靠社保生活，有人是啃老族，有人每天打工度日，有人只是普通公司的员工，他们都是从收入比普通人还低的状态开始起步的。但是他们却发现了一些东西，于是在平均 5 年的时间里，他们做到了个人年收入超过 1 亿日元。

　　在那 5 个人当中，有一位曾经问过我这样一句话：**"幸司，你怎么理解'时间就是金钱'这句话啊？"**

　　我是这样回答的："应该是说时间和金钱同样都很重

要吧。"

然而,他却说:"嗯,一般大家都是这样想的,我以前也是这么想的。"

他曾经是一名公司的正式员工,那时候他永远都在焦急盼望着发薪水。发了薪水之后马上就拿来交房租,还贷款,偿还约会时刷出去的信用卡账单,钱一下子就用光了,然后又开始翘首期盼下个发薪水的日子。

有一天他突然反应过来:"唉,我一直都只能预想到下个月的薪水,所以每次也只有一个月的收入,那要是去预想自己1年后、3年后、5年后、10年后、30年后的收入,会怎样呢?"

于是他想象自己1年后、3年后、5年后、10年后、30年后得到怎样的收入、做什么事,之后,他的收入慢慢开始增加了。

然后,他又意识到:"如果自己的能力不够的话,那么无论预想得有多远,自己可以施展拳脚的范围依旧还是很小。要是提高了自己的能力之后,再来预想1年后、3年后、5年后、10年后、30年后的自己,又会是怎样的呢?"

假设一个坐标轴的纵轴代表时间,横轴代表个人能力的自我形象。当代表自我形象的横轴数值增加时,提升自我的时空范围也在扩大。预想了自己能力提升的 1 年后、3 年后、5 年后、10 年后、30 年后的样子后，收入也会随之增加，大概 5 年个人年收入就能突破 1 亿日元。

听完他的话，我恍然大悟。

"时间就是金钱"这句话的意思，并不是我们按照常理解释的"时间与金钱同样重要"，而是就如字面意思一样，"时间就是金钱"指在提升自己的时空范围里，时间增加时，财富（金钱）也是成比例增加的。

时间就是金钱

百万富翁所画的时间与代表个人能力的

自我形象的关系图

在迎来大变革的世界中如何成为
"天选之子"？

在日本 NHK（日本广播协会）节目组的纪录片《滋生欲望的资本主义》中，世界各国的经济学家、哲学家都认为资本主义的时代终结了。资本主义迎来了大的转折，遵循资本主义规则的人们都将被埋没。

那么，在这样的时代大背景下，要怎么做才能成为"天选之子"？

你想乘上即将沉没的泥船吗？或者，你自身是否就是一条即将沉没的泥船呢？

当人们觉得你是一条"即将沉没的泥船"时，人们是不会主动接近你的。但只靠一个人的力量又能成什么大事呢？

钱是由人来管理的，人都聚不起来的话，钱自然也就不会积聚。

那么，如果要成为一条人人都可安心乘坐的、人人憧憬的船只，而不是一条即将沉没的泥船的话，需要具备哪些必要因素呢？

在资本主义即将终结的今天，新型的感性主义要到来了。

不论你的年收入有 300 万日元、1000 万日元、1 亿日元还是 10 亿日元，都无所谓。

人生只有一次。有人觉得有幸降生世间，总想做些大事，想实现自我价值，成为"天选之子"，给这个世界带来新的变化、新的体验，为这个世界贡献一份自己的力量。

为此，如果我们需要金钱，那么该如何汇聚财富，如何造就充满财富的人格呢？

接下来我将告诉你方法。

重要的就是"我看行"的这种感觉

首先来开始准备活动，做一个热身练习。

就像回答自己的身高是多少一样，不假思索地凭直觉想一下在 10 年后，你的个人年收入是多少。

然后想象一下你的身高变成 300 多米的样子，变成和东京塔一样高的巨人，在这个世界上走来走去。

先大步向东走，然后回来，再向西出发，一下子跳到彼岸的大陆，在全世界开始商业活动。

这样的巨人，10 年后的年收入会变成多少呢？尽情想象一下。

以现在的身形做生意与变成巨人在世界各地做生意相比，个人年收入会有什么不同吗？

你要明白一个重要的道理："造就现实的不是记忆，而是感觉。"

保持现在的身形，10 年之后的年收入会怎样呢？

可能很多人都觉得："应该就在 1000 万日元左右吧。"

但是，若是变身巨人，可以在世界范围内施展手脚时，你的想法会有什么变化吗？

"1 亿日元是不是有点少啊？""不，2 亿到 3 亿日元好像也可以啊。"

你可能就会有这种感觉了。

重要的就是"我看行"的这种感觉。

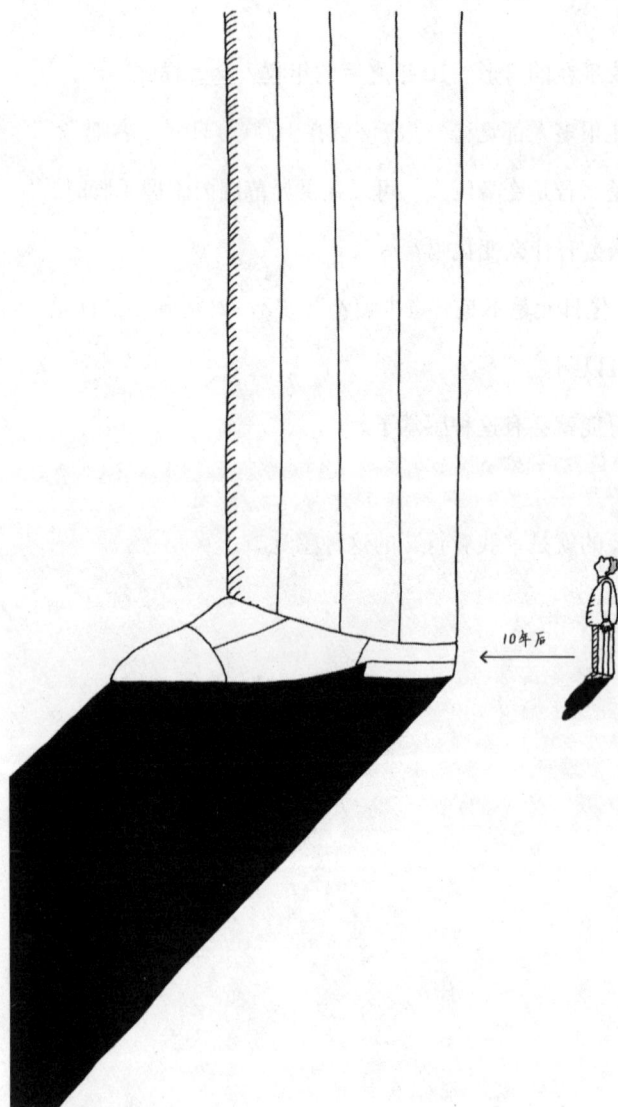

10年后

你在 10 年后会变成巨人吗?

第一步

磨炼潜意识的热身活动

1-1 描绘自己在未来 1 ~ 30 年的样子

无"答"之处也无"问"。

问题源于个人本身，所以答案也应该是存在的。

我们的大脑并不喜欢无解的东西，如果一直在寻求答案，大脑就会不停地搜寻信息，想要得到各种各样的答案。

首先，希望你可以整理一下自己的内心。

以 1 年后、3 年后、5 年后、10 年后、15 年后、20 年后、25 年后、30 年后这样的时间节点来划分你的各个阶段，从自己的工作方面和生活方面入手，试着整理出自己的期望。

明确自己想做的事之后，来挖掘些更深层次的东西吧。

"为什么想做这件事呢？"

"为什么想要这样的结果呢？"

未来 1 ～ 30 年自己的样子

	工作方面	生活方面
1年后		
3年后		
5年后		
10年后		
15年后		
20年后		
25年后		
30年后		

这是你想要的吗?

然后你的脑海中就会浮现出一些答案。这时，希望你能进一步深入思考一下，在这些想法背后，自己最终想得到的是什么。

以工作方面举例：我想从事这样的工作，想拥有那样的成就，希望可以受到万众瞩目。

那么，你为什么想要得到这样的结果呢？

↓

"因为想被认可。"

↓

为什么想要被大家认可呢？

↓

"因为感觉自己是有这个能力的。"

像这样一直追问自己"为什么"，渐渐就会发掘出深藏在自己内心的一些东西。

"真是搞不懂，干脆就这样放弃吧。"

如果总是这样想的话，是不会汇聚到财富的。

请你在通勤途中，在喝酒、泡澡的时候，没事儿就多问问自己："为什么自己想要'这个'呢？"

或许能够认真思索这些问题的机会并不多，所以首先需要将思考的内容梳理一遍。

　　在思考"为什么"的时候，可能会有思维卡住进行不下去的时候，没有关系，请不断地询问自己"为什么想要这个"，相信你总会得到答案。

1-2　过去的失败是因为什么？
　　　是否可以避免？

世界上留存着被称作"神话"的东西，比如日本的《日本书纪》《古事记》，欧洲则有希腊神话或是罗马神话等。

神话的研究者曾这样说过：

"现世留存的神话故事中都有着相似的点。"

比方说，一位成就了丰功伟绩的主人公，有着各种人际关系上的纠纷，他厌倦了生活并藏身于山洞里。这时候，往往会有一名智者出现，并对他说："你到底在干什么啊？"

"与朋友不和，与家人闹矛盾，与各种各样的人之间有过不开心，我厌倦这样的生活了。"

而那位智者会语重心长地这样说道："过去的失败与挫折，令人伤心的事情等等，这些所有其实都与你活下去的目标有着千丝万缕的联系，你好好想想看。"

主人公还待在山洞里，但是他开始思索：这些令人痛苦的事情难道是不可避免的吗？

再深入地想一想，自己生存的目的、意义，需要进一步发掘出自己什么潜能等等，这些问题的答案都会浮出水面。

为什么自己生存的目的，被赋予的意义是不可或缺的呢？

其实其中最有价值的东西就可以转化为自己的财富。

当你明确自己生存的目的与意义，大脑就会为达到此目的而发出指令，开始寻求必要的信息、人脉等与财富紧密相连的东西。

而当大脑不知道到底要做什么的时候，它就什么信息也收集不到。我们的大脑是很单纯的。它想要尽全力完成自己的使命，所以会收集所有必需的信息。

在这一步中，向大脑发出指令："我就是要这样生存下去，所以帮我收集一下这个。"大脑就会听从指令照做。

以此为契机，我们会回忆起过去的事情、自己被赋予的使命，并找出自己的闪光点。

· 这样做是为了整理出过去那些负面、消极的事情

回顾过去，无论谁都会想起那些失败与挫折、令人难过的事、一直忍耐的事、生过的病、受过的伤等。

这时，人们会觉得也许自己知识储备不足、能力不够，认为自己太笨、太糟糕，再不好好努力就完蛋了，随之而来的还有自卑感、罪恶感、无力感和孤独感，找不到自我存在的价值……

这些负面情绪事件发生后，会给你带来怎样的影响呢？

请先整理出 10 件这样的事情。然后再回想一下发生这些事之后的你做了什么，为什么你当时要那么做呢。

请好好问问自己。

在列出 10 件事后，你就会意识到："难道我的人生就只有这些？我被赋予的使命就是来做这些事的吗？"

如果可以的话，你可以继续深入回忆，想出 10 件、20 件、30 件、300 件甚至是 500 件事，可以整理的事情越多，越能够全面地认识自己。

如果把这 10 件事情作为素材出版一本书的话，你想取一个什么书名呢？又想取一个什么样的副书名呢？你要明白的是：

你的这本书要向世人传达什么样的信息？

最后再考虑一下这本书的作者简介要写些什么，想想自己是一个什么样的人，有过怎样的经历，出于什么想法才有了这本书。

为了不让出版的图书滞销，为此你需要拟一个醒目的书名，要让人们觉得"这本书挺有意思的""令人感动""鼓舞人心""会得到很好的启示"。

用简洁的语言组织好主书名后，再来拟一个说明性质的副书名。

打开亚马逊销售排行榜，有一本书十分热销：《世间无数人都在追求的就是它》。这本书的书名就十分出众，希望能给你带来参考价值。

· 负面情绪记忆中的印记：吃一堑长一智

愉悦、开心的记忆都是很容易忘却的。但是，过去的那些负面情绪记忆却怎么也忘不掉。

这些负面情绪和感觉其实就像是印记或是旗帜一样的东西。

"这些事情我都忘不了，因为那些失败都是给我的教训。"

因为你想完成人生的目标、被赋予的使命，所以就会给自己留下一些负面印记。

可是，如果一直都在消极地审视着这一切的话，自然就会觉得"自己真是个苦命的人啊"。

大家常说"有付出就会有回报"，但很遗憾，事实却不是这样。

如果你看待事物的大前提全都变成"人生本就是痛苦的"，那你的痛苦就会越来越多。

因为从抱着消极心态来看待人生的那个时刻开始，你就丧失了乐观接受自己的力量。

"为了能鼓舞世人，为了赢得他人的目光，为了向世人传达各种技术，这段痛苦的经历是很有必要的。"

要重新审视那些消极感受，就回过头来反省一下自己。

整理出的 10 件过去经历的不好的事情

	负面情绪事件	事情发生后你做了什么
①		
②		
③		
④		
⑤		
⑥		
⑦		
⑧		
⑨		
⑩		

为什么要这么做呢?

1-3 寻找"对未来的记忆"，
想象"真正的自己"

现在，请你寻找一下你对"未来的记忆"。你可能会纳闷："我根本都没有体验过未来，哪里来的记忆？"

但是爱因斯坦曾这样说过：

"过去、现在、未来，都是一种幻觉。"

原本，时间这种东西就是不存在的。

你还记得小学一年级的数学课上都讲了些什么吗？我是完全想不起来的。其实，即使是你体验过的、发生过的事情，也有很多是回想不起来的。对于未来的记忆也是如此，"回想"它们的时候要花些时间。

精神科的医学博士戴维·R.霍金斯提出了17层级的意识能量。从中可知，人类的意识中最低级的是"羞愧"，最高级的是"开悟"。

达到开悟等级的人都会这么说："我是个没有记忆的人，因为我没有过去。"

可以发现，开悟的人都认为时间本就是不存在的。

有的只是现在，永远都是眼前事物的延续。没有过去和未来，只是专注于眼前。

17 层级意识能量

	意识等级	能量数值	内心感受	
1	开悟	700 ~ 1000	无我	正向的 能量层级
2	平和	600	幸福	
3	喜悦	540	开朗	
4	慈爱	500	敬爱	
5	明智	400	理解	
6	宽容	350	宽恕	
7	主动	310	乐观	
8	淡定	250	信任	
9	勇气	200	坚定	
10	骄傲	175	蔑视	负面的 能量层级
11	愤怒	150	憎恨	
12	欲望	125	渴望	
13	恐惧	100	不安	
14	悲伤	75	后悔	
15	冷淡	50	绝望	
16	内疚	30	自责	
17	羞愧	20	羞辱	

出自戴维·R.霍金斯的《心灵的正能量与负能量》

· 掌握属于自己人生舞台的剧本

假设你是一名在舞台上演戏的演员。

剧本上写着你所担任的职责、分配到的角色、如何谢幕等等主要的信息。你要读剧本，记台词，反复练习，并在舞台上向观众传达迎接戏剧落幕的信息。

为此，你需要准备好故事情节、演员名单、舞台工具。

掌握自己的剧本，想好自己要向观众传达怎样的信息，然后努力表现出来。只有在舞台上努力表现的人才会受到观众的喜爱，才能被邀请参加下次的表演。

人生也是如此，需要准备好剧本、舞美等，决定好闭幕场景。

但是，如果没有很好地理解和安排好这些，就会产生混乱，不知道自己要演什么，也不知道要向大家传达什么。观众便也会很疑惑："这个人到底想干什么呀？"

这样的人是不会红的，也不会迎来工作上的邀约。渐渐地，就会变得和其他被埋没的人一样，无法顺利发展事业，从而陷入困境。

· "创造"出在平行世界中活跃的自己

"未来的记忆"一定是存在的。

未来的记忆，在脑科学领域也被称为"潜在记忆"，也就是潜在状态的记忆。这里面有着关于"真正的自己"的记忆。

人是想象不出自己没有的东西的，也就是说，人们可以想象出来的都是自己曾经体验过的或是正拥有的事物。

你知道"parallel worlds"吗？就是平行世界。美国的大学也在努力研究这一概念，它指的是，除了眼前的世界，还有数个同时并行的世界。

在这里借用刚才所提到的"17层级的意识能量"来解释的话就更好理解了。在平行世界中，有着以较低的意识层级生活的自己，也有着以较高的意识层级生活的自己，不同的自己同时存在于不同的世界当中。

所以，拥有较高意识层级的自己绝对是存在的。但是，如果你想象不出来这种状态的话，很遗憾，你就无法到达高级的那个世界。

虽然这么说，但就算能想象出来高级世界的那个自己，也可能找不到什么答案。

不过，如果用举例子的方式来思考的话，你的答案也许就会咕噜噜地不停往外冒。

这就是潜意识的一个特点。

让我们借着名人名言来找到"真正的自己"吧。

·借着名人名言来想象真正的自己

我来介绍几句名人名言。在这之前请先读一读后面这些话，好好思考一下。我们需要的是与自己的想法、自己的人生理想相似的，并能作为人生格言的一句话。

你可以参考在网络或者在书上看到的"名人名言集"，列出超过20个人的名言。然后列举3位和自己理想的生活方式相似的人。

那么，你比较喜欢哪一位名人的名言呢？

从自己选择的3人中再选取1人，想象自己和他融为一体。

如果你以那种人格来生活的话，数十年后直至走向死亡之时，你又会是一种怎样的状态呢？

在事业上，会有什么变化呢？从销售业绩、人际关系、他人评价等方面展开想象，先简单描绘出一个大致轮廓。

另外，在家庭、住所、远朋近邻等方面也展开想象，并简单地描绘出来。

如果将先前选择的3人的人生格言合在一个人身上，并以这种人格过完你的一生，周围的人或是这个世界又会怎么评价你呢？请想象一下在这种情况下，你留给世人的印象以及世人会给你的评价。

这一步就是想象出未来的"真正的自己"。

名人名言　①

亨利·柏格森：人总是不能理解，自己的命运其实都是由自己一手创造出来的。

中村勘三郎：只要跑起来就有跌倒的可能，但是人只要活着就一定要跑起来。比起站着一直思考，气喘吁吁地奔跑更适合我。

坂本龙马：任凭千夫指，我心唯我知。

高村光太郎：真正的爱是主动去爱，而不是被爱。

史蒂芬·理查兹·柯维：人只要心中秉持着恒久不变的真理，就能屹立于动荡的环境中。因为一个人的应变能力取决于他对自己的本性、人生目标以及价值观的不变信念。

西奥多·罗斯福：做伟大的事情，享受骄傲的成功，哪怕遭遇失败，也远胜过与那些既不享受什么，也不承受什么痛苦的可怜虫为伍，因为他们生活在不知道胜利和失败为何物的灰暗混沌地带。

彼得·德鲁克：决定优先要点的原则：第一，重将来而不重过去；第二，重机会而不只看到困难；第三，选择自己的方向，而不盲目跟随；第四，目标要高，要有新意，不能只求安全与方便。

丹·希恩：伟大的人们会用批判者丢来的石头建成纪念碑。

R.L.斯坦：人生不如意时会遭受一些致命打击，但是别担心，随着时间的流逝痛苦会渐渐消失，那些挫折也会造就现在的你。挫折给你新知，新知还你客观，客观迎来智慧，智慧给予真实，真实伴随自由。今后我们将不再经历同样的失败。

33

名人名言 ②

特蕾莎修女：神的呼唤不是叫我功成名就，而是要我坚定不移。

丘吉尔：风筝顶着风高飞，而不是顺着风。

马克·吐温：远离那些企图让你丧失雄心的人吧，小人经常如此，而真正的伟人会让你觉得你也可以变得伟大。

大友直人：心中怀着赤诚的梦想，即使没有实现。让人生就这样逝去，努力奋斗过的流逝与无为自然的流逝也有着天壤之别。

沃尔特·惠特曼：因寒冷而打战的人，最能体会到阳光的温暖；经历了人生烦恼的人，最懂得生命的可贵。

马奎斯·孔多塞：如果今天的你与明天的你相比毫无变化，那今天的你不过只是昨天的你的奴隶。用每天的创新来超越自己才是人的本质。

高尔基：不知道明天要干什么事的人是不幸的人。

铃木一郎：达成梦想和目标的方法只有一个，就是累积微不足道的小事。

詹姆斯·马修·巴利：幸福的秘诀不是做自己喜欢的事，而是去喜欢自己做的事。

詹姆斯·艾伦：要有崇高的理想，这样你会变成你梦想中的样子，你的理想也会是你预想中的未来。

34

真正的自己

想象将 3 种理想型人格合并之后的 "真正的自己"

1-4 在最佳时机开启潜意识

· 睡前和刚起床的时候是操纵潜意识的关键时刻

研究发现，梦会延续我们在睡前一直思考的事物。

人们在哄孩子睡觉的时候会给孩子读一些绘本，念一些睡前小故事。

利用这种方式，会让我们不自觉地在睡眠中还在学习着睡前听的东西，这也是我们先人的智慧。所以可以在睡前给孩子听一些东西，在睡梦中，他们就会调整自己的潜意识。

还有在刚刚睡醒的时候，整个人都是蒙的，这也还是处于催眠状态。

日常生活中，我们有着能够感知的表层构造（显意识）和不易感知的深层构造（潜意识）。

显意识处于睡眠的状态被称为催眠状态。人会感觉到恍惚，这时的潜意识就会被暴露出来，早上刚刚醒来就是这样的状态。

不久后，人渐渐清醒过来，有了明确的意识，开始正常的日常生活，处在表层的理性又开始发挥自己壁垒的作用，这时的潜意识就会被隐藏起来。

睡觉前一直想的东西，更容易在我们做梦时的潜意识中被进一步延伸。早上刚刚睡醒一直发呆的时候，因为没有理性意识的妨碍，所以也更容易接受一些信息。

· **管理者的个人咨询**

在之前的步骤里，我们将三个理想人格的合体当作了我们未来"真正的自己"的人格。

对于管理者而言，个人指导目标就是要明确这个"真正的自己"。建议在每天晚上入睡前 5 分钟和早上起床后的 5 分钟里想象一下自己应该有的状态。每天都这样重复下去的话，"未来的记忆"就会真正出现在我们的脑海中。

我每一个月都会询问这些接受我指导的管理者一些问题。来看看每天坚持这么做的企业管理者们都有了什么变化吧。

"领导，这一个月您都做了什么？"

"我在入睡前和起床后会一边发呆一边寻找我未来的记忆。"

"噢，那有什么变化吗？"

"发生了很不可思议的事情，我们的业绩真的增长了。"

其实并不是一下子就实现了业绩的增长，而是他们不断地涌现出了新的点子，得到了可靠的信息，或是更新了市场报价，结识了十分优秀的人……得到这些有利条件的加持后，才做到了业绩的增长。

这几乎就是所有经营者们的共通点。他们会在入睡前、起床后，唤醒自己的记忆："这就是真实的我。"这样就会离"真正的自己"更近一步。

早上刚起来的时候和晚上睡觉前就是关键!

做真正的自己时,能够身体健康、生活顺心、事业顺利。
大脑一旦明白金钱能让自己保持"真正的自己"的状态这
一点后,它就会想办法为你积聚财富。

为了让这一系列理想的事情真的可以实现,我们就必
须明确地唤醒"真正的自己"的记忆。

1-5　把意识放在未来

·游泳选手迈克尔·菲尔普斯获得金牌的理由

在世界级游泳比赛中，美国的迈克尔·菲尔普斯非常有名。他被称作"菲鱼"，在奥运会以及各种世界锦标赛上都获得过辉煌的成绩。包括金银牌在内，他在 10 年时间里共斩获了近 300 块奖牌。

培养出这位卓尔不群的游泳选手的教练，名叫马克·舒伯特。我对马克·舒伯特很有兴趣，就参加了他在日本召开的讲座。

当时舒伯特说了这样的话："一般来说，棒球、足球等赛事都能在电视上看到转播，可游泳比赛的话只有奥运等级的赛事才能看到转播。菲尔普斯对此非常不满。所以他觉得：'我想让游泳比赛成为国际上的重要赛事，为此金牌是必不可少的。'"

从那时起，为了获得奖牌，菲尔普斯计算出了需要在多少秒内游到多少米，自由泳的话又需要在一米内划几次水，等等。他把计算结果写在纸上，贴在天花板上，在睡觉前和睡醒后就开始了意象训练。

我当时就在想："原来如此，还可以这样啊！"

·把意识放在未来，触发自己重要的神经

从早到晚一直都在想着自己要游多少米，要划几次水，要游多少秒……为什么这么做会有效果呢？

美国的大学里曾做过这样一个实验，研究人员向研究对象提出问题，并对他们大脑某部位的脑电波进行了测试：

"你去年过生日那天做了什么呢？"

大脑中被测试的部位没有什么反应，于是研究人员又问了一个问题：

"今年的生日你想怎么过呢？"

这次脑电波有了明显的反应。

这个大脑的部位就是给运动神经做出指令的部位。

前一个问题是把焦点放在了过去，这时并没有触发运动神经。然而，当问到"今年的生日你想怎么过"时，是把焦点放在了未来。由此可以推断出：当想象未来的事情时，我们的运动神经更容易被触发。

假设我现在想拿到一个离我稍微有点远的东西，我就必须迈出几步后才能伸手拿到它。

当我们把焦点放在未来，去思考我想怎么做时，我们的大脑就会觉得"身体需要这样去行动，如果付诸实践的话，目标就能达成"。于是大脑便会发出指令，运动神经就被唤醒了。

"我必须游多少米？要怎样划水？"
"我要拿金牌。"

一旦开始这样的想象训练，相关一系列运动神经就会被触发。但是不能立刻行动，要去培养它，训练它，然后再触发新的神经，进一步培养、训练，如此重复多次。实际上，当思维这样活跃时，身体也就开始活动了，于是现实生活也会随之渐渐发生变化。

·不是"我对人生有什么期望"，而是"人生赋予了我什么"

维克多·弗兰克尔是一位有名的精神科医生兼心理学家。

因为是犹太人，他在第二次世界大战时被关到了纳粹集中营里。在德军战败后他作为幸存者被解救出来。

战后，他研究了在集中营里幸存下来的人的共通点。之后他这样说道："在纳粹集中营里能够存活下来的人，都是因为转变了自己的想法，他们不是在人生中寻求什么，而是寻找人生给予他们的东西。"

对于这句话的真实含义，我们这样来想会更容易理解。

比方说，A被聘为某企业销售部的员工。

但是A却想做企划、财务、人事方面的工作，于是就开始说些前后矛盾、胡搅蛮缠的话，最后就开始不停地抱怨发牢骚，嫌工资没有增长，觉得领导们不看好自己等。

但是从公司老板的角度来看，A本身就是作为一名销售部的员工被招聘进来的，却不想做销售的工作，而是想做其他岗位的事，他没有做好本职工作，所以才得不到正面的评价。

这时，如果你是公司老板的话，你会怎么对待员工

A 呢?

　　"你的任务就是做好销售方面的工作，所以人事、企划那些事你就别管了。如果做不好你的本职工作的话，你的工资是不会涨的。不行的话你就别干了吧。"

　　人生中会有很多与此相似的事情。

　　无视"真正的自己"给予我们的任务，总想着我要干这个，我想干那个，于是我们的收入就无法增加。

　　不要想可以在人生中寻求什么，而是要去想人生赋予了我们什么，能够想到这个问题的人才能在奥斯威辛集中营存活下来。

　　换句话说，想做企划、想做人事，又想做财务的人就是那些在向人生寻求什么的人。

　　维克多·弗兰克尔所说的"人生"与我们之前提到的"真正的自己"都是在向自我探求，这也就是关键所在。

　　所谓人生，本就是这样。

　　不重视赋予自身的使命，而是去做着前后矛盾的事情，这样的话，财富、资源、人脉等等成功路上所必需的东西你都无法得到。

所以，我们要认真筛选，唤醒"真正的自己"的记忆。

1-6　突显自身价值

· 没有认可自身价值的话，是不会感到幸福的

美国的大学有过一个问卷调查，调查的对象是全美60岁以上的资本家和成功的企业家，也就是名流们。

问题非常简单："你幸福吗？"

问卷调查的结果非常令人吃惊。八成以上的人都回答"不幸福"，甚至那些在世俗眼光中生活应该十分美满的人，也没有感觉到幸福。紧接着，大学进行了追踪调查，调查他们觉得不幸福的原因。

他们感到不幸福的第一大原因是心中存在强烈的胜负欲——想赢过别人，不想输给别人。按理说，这些人在这么优越的条件下生活，会很容易获得成功，但为什么会感觉不到幸福呢？

因为就算他们成功了，还是会有种不安缠绕在心头："我以后是不是会失败？"而那些失败了的人也会陷入忌

妒成功人士的想法之中。

所以无论成败，他们的精神都有很大的负担。

感到不幸福的第二大原因就是：永远在和他人做比较。我的营业额比这个人多，我就觉得自己干得不错；我的收入比那个人少，我就觉得自己不行。在我看来，这就是永远都活在他人的标准之中。

不以自己的标准来生活，就算达成了目标也不会觉得开心的。

感到不幸福的第三大原因十分简单：没有做自己想做的事。

在生意场上顺风顺水，赚了大钱，并不代表就是做到了自己想做的事。所以，即使走向了成功也未必会感到幸福。

经常有人会这么说："如果做自己喜欢的事情也能赚钱的话就好了，这样我就不会觉得辛苦了。"

但这话并不绝对。

你真正想做的事情是什么？当然是能突显自己的价值的事。

为此我们必须牢牢把握自身的价值。

· 找出"真正的自己"与"当前的自己"的差距

首先来思考一下你的自身的价值是什么。

到现在为止，你整理出来的，向自己传达着心声的那个自己，我们就把他看成是未来的"真正的自己"，暂且把他当作是 A。然后是现在的自己，我们把他当作是 B。

现在我们来比较一下 B 与 A 之间的差距。你可以尝试写出 10 点差异，然后列到自己的笔记本上。

在你努力去提升能够缩小二者差距的能力时，不妨来想一想：他人都实现了怎样的梦想？人们都拥有怎样的体验？大家都获得了怎样的幸福与喜悦？

按照性别划分，分别观察十几岁、二十几岁和三十几岁的人。比方说，看看十几岁的男生普遍存在怎样的烦恼，我能不能帮他解决烦恼；大多数的三十几岁的女性又有着怎样的烦恼与期望，那我有没有什么能力可以帮助她……

从灵光一闪开始，一点点来弥补差距。

发掘自己弥补两者差距的能力，在这个过程中，思考一下，自己想先做的事情是什么。在感兴趣的工作方面和个人生活方面，请分别试着列出 10 点吧。

通过比较"真正的自己"与"当前的自己"
来引导出自身价值

```
┌─ 真正的自己 ──────┐        ┌─ 当前的自己 ──────┐
│        A          │        │        B          │
│                   │        │                   │
└───────────────────┘        └───────────────────┘
          ↑                            │
          └────────────────────────────┘
     有怎样的差距?              弥补差距的技能
```

① _____ ➡ _____
② _____ ➡ _____
③ _____ ➡ _____
④ _____ ➡ _____
⑤ _____ ➡ _____
⑥ _____ ➡ _____
⑦ _____ ➡ _____
⑧ _____ ➡ _____
⑨ _____ ➡ _____
⑩ _____ ➡ _____

```
┌─ 你的卖点 ────────┐              ⬇
│                   │   ⬅
│                   │        哪些是想优先
└───────────────────┘        做的事情?
```

这就是有关自身价值问题的答案。

如果你兜售的东西并非自身的价值，那说实话你可能也得不到财富。正如对名流的调查问卷中展示的那样，没有展现自身价值，就算是获得了财富，很遗憾，他们也感觉不到幸福。

"真正的自己"就会告诉你："哎呀不对，你的特长不在这里""你是被招聘为销售员的，所以你不要再干那些事了"，等等。

·因为不是天才所以要请教别人

一方面是得到了众人的褒奖，通过各种活动来获得金钱的"真正的自己"；另一方面是没有能力，也没有时间、金钱和人脉的"当前的自己"。两者之间存在着很大的差距。

但话又说回来，这些差距是从何而来的呢？

我有一次有幸得到一个机会和一位大公司的老板共进晚餐。

"怎样才能像您一样能挣钱呢？"

我特地向他提出这样的问题，而对方却回答我说："不知道。"

"我只是在做自己每天应该做的事情，虽然有很多人问我如何才能当上大老板，赚大钱，但说实话我也不知道。"

我听到后，不禁想：这位老板赚钱的能力是不是与生俱来的呢？

天才都会觉得自己做的事情是理所当然的，因此不知道如何向人们说明。所以说绝大部分天才都不知道如何教授别人成功学。

与此相反的是，如果特别贫穷的人在自己努力下发掘出了自己赚钱的能力，变成了有钱人的话，当你问他们如何成功的时候，他们也许会说："不知道这个方法适不适合你，但我是这样做才挣到钱的。"然后他们便会给你传授自己的成功之道。也就是说，这样的人，是可以向别人教授他人赚钱的方法的。

原美国职业棒球大联盟选手铃木一郎在宣布隐退的记者招待会上被问道："您作为棒球运动的天才……"然后一郎这样回答："我不是天才，因为我清楚地知道我每天都在干什么。"

隐退后的一郎担任了西雅图水手队的教员，开始教授他人打棒球。

· 人生的不足之处也可以转化为"自身卖点"

金无足赤，人无完人。

普通人会将自己的缺点视为不好的东西，一想到它就会觉得焦躁不安，总是会这样想："太羞耻了，我必须要把它藏起来。"这样一来也就搞不清自己想做的事情了，也无法明白生活的意义。

不对，不对，不对，请等一下。

生活的意义，你的职责，这些不正是你所迷茫的东西吗？

那些你想躲避的事情就是你的价值。一个人自身价值的表现也许正来源于他的不足之处。

缺点并不是我们要去逃避的东西，而是要去面对的东西，发掘我们自身的技能，弥补不足，向世人展现自己，才是正确之道。

如果你的人生是从一穷二白开始起步的，那么你的价值在于告知世人如何挣钱，因为你通过经历和经验领悟了其中的技巧与奥秘，所以你懂得如何将其传达给世人。

如果是从别人身上学来的也挺好。但只靠着学来的知识，现学现卖、拾人牙慧的话是行不通的，必须自己参悟其中的要领。

博览群书、一肚子学问的 A 先生，与经历过波澜人生、从各种经验体会中总结鲜活教训的 B 先生，要是让你选择其中一位先生跟随他去学习"人生"这门课的话，你会选择谁呢？

我想大多数的人会选择 B 先生。

人们都想跟有经验的人学习。因为无论如何渊博的知识都敌不过实际的亲身经历。有经验的人更能吸引别人，影响他人。

1-7 筛选必要资源

· 自问自答：我可以给世界带来多大的价值

首先我们应该想的是，怎样可以让自己的知识、技能发挥价值，去帮助别人实现梦想，获得全新的体验，收获幸福与快乐。

接下来我们就要问问自己，要以怎样的步骤去行动呢？

有问必有答，不提出问题就永远没有答案。就算是很笼统也没关系，请先来想想我们可以怎样发挥自身的价值吧。永远不要说我不知道，因为当你说出这句话的时候，大脑也就停止了思考。

· 看似分离的大陆与海洋其实有着密切的联系

地球上有大海，也有各式各样的陆地与岛屿。我们以为陆地是单独存在的，但是一旦进入大海后，就会发现海底与陆地其实紧密相连。

人也是如此。人是独立的个体，并且都拥有独立的意识，但是在深层的概念中，我们的意识是以整体的形式出现的，心理学上称为"集体潜意识"。对人们来说，宇宙或超自然等事物也有着各种各样的名称与表现形式。

　　美国的大学研究了爱迪生、爱因斯坦和达·芬奇等天才是如何孕育出新点子的。研究表明，天才们都曾对集体潜意识很有兴趣，而普通人则只是靠自己的大脑冥思苦想得出点子。

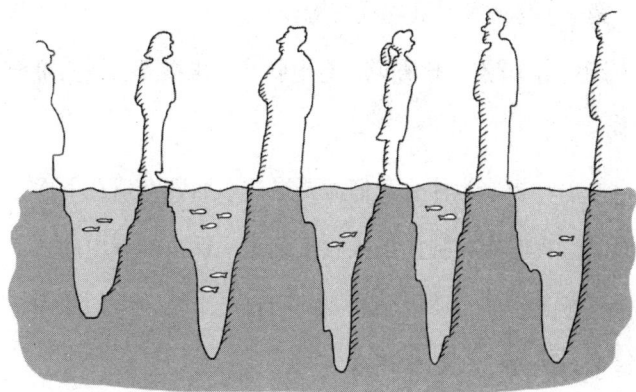

集体潜意识

但在集体潜意识的概念中，所有人的意识都是在无意中相互联系着的。其中就蕴藏着过去伟人们的智慧。无论是谁都可以和伟人们的智慧"衔接"，站在巨人的肩膀上延伸出自己的想法。

所以说，学会提问是很重要的。

·整理出必要资源并标明理由

随着社会不断地进步和发展，我们也应该开始思考，什么样的资源是我们不可或缺的。

第一，你需要什么物质资源？

请列出 10 点。比方说一台电脑、一张桌子、一间事务所等。

再想一想：为什么我们需要这些东西呢？请在下面标明原因。我们的大脑如果接收不到做一件事的理由的话，它是不想工作的，所以必须要问问自己事情背后的原因："这个东西为什么是必需的？"

第二，为了拥有全新的价值，我们需要怎样的环境？

比方说，如果是从事 IT 方面的工作，是要在有健全的网络环境下工作，还是要在不通网络的沙漠地带工作？在这两种环境下的工作方式是完全不同的。

然后再写明理由，为什么这样的环境是必需的。

第三，为了拥有这种全新的价值，想一想：我们需要怎样的人际关系？怎样的背景知识？怎样的信息？

同样地，标明为什么这些是必需的。

第四，为了拥有全新的价值，我们需要怎样的身体状态呢？

相扑选手需要高大肥硕的体形，而商务人士则可能需要苗条健硕的体形。你列出的身体状态需要包括自己的样貌和体形，并且附上理由。

第五，为了拥有全新的价值，想一想我们需要哪些经验，并且注明我们的理由。

第六，为了让人们接受全新的价值，我们需要怎样的情绪？

这里的"情绪"并不是指随意就涌现出来的喜怒哀乐，

而是应该受我们控制的。为了发挥自身的价值，如果激昂热情的情绪有助于推进工作，那我们就需要它；如果需要沉着冷静的话，那就把心情调整为这种状态。

发怒也可能是必需的情感之一。"发怒也是很有必要的，因为……"可以像这样整理出我们认为需要的情绪，然后再附上理由。

· 整理到 Excel 表格中，方便随时补充

到现在为止，为了塑造理想的自己，为了实现自身的价值，我们把自己所必需的物质、环境、人际关系、知识、信息、身体状态、经验、情绪，都已经进行了筛选和整理，并详列出来了。

但这只是一个基础，接下来，我们还要收集金钱、人脉、信息等资源。也可以继续添加上我们认为所必需的物质、环境等其他内容。

如果潜意识接收不到这些信息的话，收集任务也就无法展开。"真正的自己"的潜意识只是想单纯地完成自己的工作，所以我们要做好这些铺垫工作。最好的方法是利用 Excel 表格，收集任务从步骤一开始就一项一项全都列进去。

把必要的资源在 Excel 中进行整合

	具体记录	为何需要
物质		
环境		
人际关系		
知识		
信息		
身体状态		
经验		
情绪		

1-8 探索自己想要蜕变的原因

·深入挖掘原因，直到不可言喻的境地

在步骤 1-2 中，我们搞清了自己是不是向世人传达某种信息的那种人，在步骤 1-3 中我们整理出了"真正的自己"的记忆、被赋予的使命以及生存的意义。

接下来我们就要整合前面的所有内容，来为自己绘制一张蓝图。

大多数人在回想自己昨天夜里做过的梦时，都会依稀有一些印象吧。潜意识是把信息以印象的形式去记忆。所以，我们要为自己的潜意识画一张底图，让大脑开始进行想象训练。

当你去画一幅画时，这幅画的好坏不仅跟绘画手法有关系。因为画画是需要想象的，否则我们创作不出来，所以尽情地发挥想象力才是我们的目的。

之后，我们再扪心自问：为什么我们想变成这样的自己？这样的自己会有怎样的价值呢？

接下来再去思考这些问题的答案。

逐渐地发掘背后更深层次的问题，就会明白你最终追求的是什么。

· 大量防守练习，只为实现某种愿望

"为什么想要这个呢？"

要深入地思考这个问题："为什么想要它呢？"

在我复盘练习的过程中，我就经常反复问自己这样的问题。有人称这样的做法为"大量防守练习"。

来咨询练习方法的人当中，有人因为得不到答案急得都要哭了，甚至有人直接坦言："真的太痛苦了！"但是，找到自己内心的答案，对我们真的很重要。

"为什么我想成为那样的人？"

如果对这个问题避而不谈的话，是无法顺利开始下一步的。

这个世界上有各式各样的人成就了自己的事业，但也有人半途而废。要是我们连自己存在的意义都不明确，只是埋头苦干的话，很有可能就会走进死胡同，在不得已的情况下，还要按下人生的重置键。

所以说，我们需要明白自己最真实的想法，明白为什么想要成为那样的自己。

· 试探自己是否对"真正的自己"深信不疑

再来问一遍：你是否已做好了准备，成为那个拥有远大理想的深藏于你内心深处的"真正的自己"？

你有信心这样坚持下去吗？

假设你的确信程度最大值为100%，那现在的你对自己有多少分的信任度呢？70%也好，40%也罢，只要没有到100%，就请认真思考一下其中的原因。

"还有哪些地方值得细细思索？"

"还有什么做得不够到位？"

在步骤1-7中整理出来的物质、环境、人际关系、知识、信息、身体状态、经验、情绪等为达成目标所必需的资源

为什么想要成为那样的自己？

当中，看一看还需要补充什么。这些资源越多，越能帮助我们成为"真正的自己"。

但有时，我们虽然可以利用各种资源，却无法获得价值，当你发觉不能成为"真正的自己"时，你会怎么办呢？那时的你会呈现怎样的状态？

这时你就仿佛进入了不可言喻的状态。但你只要跟着书中的方法做，就会明白的。

如果在脑海里浮现出了十分抽象又模糊的残影，这时请你务必将它记录下来。

上面提到的是步骤1-8的全部练习内容。

现在，请你回顾一下你的答案。

首先，询问自己为何要成为那样的自己。

很常见的答案有："昨天对我爱搭不理，明天让你高攀不起""想脱离贫穷""学生时代默默无闻的我想让所有人都能看到自己"，等等。这些回答的内核都是想要回避些什么，都是在极力想要获得他人的认同。

如果你把赢得他人的认同作为自己奋斗的起点，那你的人生可能就会出现问题。

因为这代表你无意中在向自己强调着：我越努力越无

法赢得自己的认同。这是在自己折腾自己。

即使你能够小有成就，也很有可能只是昙花一现。

· 多想想为什么，如果一件事成了你的负担，那你是走不下去的

人的一生总是围绕着这三个动词：Be、Do、Have。

Be= 怎样生存的 = 存在方式；

Do= 如何行动 = 行为；

Have= 取得什么成果 = 结果。

大多数人是从"取得什么成果（Have）"开始倒推自己要"如何行动"，为了"Have"而去"Do"。

比方说，想要得到财富，所以主动去学习市场营销方面的知识，获得商业技能，或是去练习沟通的技巧。然而以这样的顺序去做事的话，我们可能会遗漏掉重要的东西。

"为什么要塑造那样的自己？"

"为什么要做那些事情？"

"为什么想成为那样的自己？"

有很多人遗漏掉了"Be"，所以潜意识无法被开启激活。

所以，多问问自己："生活的意义是什么？"

我想要完成这样的任务——目的；

为何想以那样的方式生活——Be；

所以我想采取这样的行动——Do；

然后得到了这样的结果——Have。

按照这样的顺序来会比较好。

但还有很重要的一点，那就是要确定好 Be（为何想以那样的方式生活）这一点，要理解做一件事是你的义务还是欲求。

"我不可以这么软弱，我要变得强大。"这是一种负担。

"我讨厌贫穷，我应该脱离贫苦。"这也是一种负担。

"必须怎么怎么样，我应该怎么怎么样。"这样的想法也是不对的。

因为这些全部都是责任义务下的后设潜意识。

· "隐藏在背后的人格"会破坏"表面人格"的成功

"想获得某些人的认同。"

"想赢得所有人的尊重。"

像这种从他人那里获得认同感的欲求，被称为"认同需求"。

我经常在讲座上这么说："从他人那里寻求认同感，和你自己真正想要的，是两码事。"要是没有获得别人的认同，你难道就丧失了自身的价值吗？自己的价值不应该是自己来决定的吗？

要是只追求那些浮在表面的东西，就算是挣到了钱，人生也不会顺利走下去。要是把握错了"Be"的方向，无论是挣到了钱还是功成名就，你的人生都会出现问题。

如果一个人在自我否定的时候，外界反而出现了一些正面的评价，这时他隐藏在背后的人格就会跳出来破坏表面的人格，他会产生这样的想法："这么糟糕的自己，怎么能如此受欢迎？"

曾经在大型公共浴场中工作过的人气音乐组合，因在NHK的红白歌会上出演了节目，一夜之间红遍大江南北。

但是过了没多久，组合中的一位成员就因敲诈前女友的钱以及各种桃色新闻被曝光，引起了社会公愤而不得已销声匿迹。

只是我个人的断言，我觉得，可能在他的潜意识当中，他认为自己是一个很糟糕的人。

"因为我很糟糕，所以我无法成为一个有价值的人。"

之前也有过走清纯路线的女演员沉溺于毒品，最后被曝光缉拿归案的案例。可能在她的潜意识里，是这么认为的："本来我就不是冰清玉洁的人，所以自己心里并不接受被他人定义为清纯风格。"所以她使用了违禁药物，最终被人曝光。

上述的事例之所以会发生，就是因为他们的"Be"状态是错的，于是总是想尽方法规避自己的错误。

"隐藏的自己"会阻止"表面的自己"走向成功

1-9 是否有自我主宰的感觉

当你感到"真正的自己"表现并不如意，或是并没有给世人带去新的价值时，说实话，你是什么感觉？

沮丧、难过、懊恼……你可能会出现各种各样负面的情绪。

进展顺利的话就会很高兴，要是不顺利的话就相当沮丧。你也可能会出现时喜时忧的状态。

当你有这样的感觉时，说明你并没有很好地主宰自己的人生，只是将"想成为怎样的自己"这一目的变成了你肩上的责任。

因此，请再问问自己：成为那个"真正的自己"，真的是你发自内心的想法吗？

这个问题，十分关键。

·自我掌控感决定思想中枢活动

大脑有一个部位叫作脑前额叶皮层。脑前额叶皮层控制着人体活动，向身体各个部位发出指令。

如果脑前额叶皮层的工作状态是正向积极的话，大脑也会积极做出反应，会分泌有益于我们身心健康的荷尔蒙激素。但如果它的工作状态是负面消极的话，大脑就会积压很多压力。

脑科学领域曾有过这样的一个实验：准备 A 和 B 两个秒表，要求志愿者们闭着眼睛，凭感觉将秒表停在 5 秒的位置上。误差较小的话可以获得奖励。

但具体要使用哪个秒表，可以有两种方式，一是由电脑来选择，二是由志愿者自己来选择。

【电脑选择秒表的情况】

如果志愿者决定由电脑选择秒表来进行实验的话，一旦获得成功，他们的脑前额叶皮层就会反应积极。大脑会释放信息，表示高兴："太好了，我做到了。"

但如果失败的话，脑前额叶皮层就会反应消极，大脑表现沮丧。

要是按照数值来表示的话，成功时为 +3，失败时为 −4。

【自己选择秒表的情况】

换成由志愿者自己选择秒表的方式来暂停秒表。

结果显示，无论成功与否，他们都没有什么特殊反应。即使失败了，也和成功时候状态是一样的，都显示正值。即使是完美地将秒表卡在了5秒的位置，他们也并不是特别高兴。相对的，秒表暂停的时间与5秒相差较远时大脑也会显示很有活力。

这是怎么回事呢？

因为靠电脑来选择秒表的话，志愿者们并没有感受到自我决定权。因此成功了会很开心，失败了会沮丧。这就说明在没有自我掌控感时，人要么会过于高兴，要么会过于忧愁。

而如果是拥有自我掌控感的情况，失败了之后，大脑就会想："那我要怎么办才好呢？"然后可能会产生这样的想法："这个游戏我没玩好，下次再来一定通关。"就像打游戏时的状态，大脑也会恢复活力。

因此，在没有自我掌控感的状态下，会呈现过喜和过忧两种状态，往往会带给我们负面的感受。而在有自我掌控感的情况下，即使失败，也不会表现得负面消极，而是会出现这样的反应："我要怎么补救？"

这就是两者间很重要的一个不同之处。

其实，有无自我掌控感的两组实验志愿者即使都使用同样的秒表，有自我掌控感的那一组能准确按到 5 秒的概率也明显高得多。

从这个实验中，我们可以得知：自我主宰的感觉会带动脑前额叶皮层活动。

自我主宰的感觉会带动脑前额叶皮层活动

· 是什么原因让你缺乏自我掌控感？

"虽然我利用了各种资源，但是我还是做不到给世人带来新的体验，帮助别人实现梦想，给予他们幸福与欢乐。"

当你出现了这种想法，觉得无法成为"真正的自己"时，你内心会产生怎样的情感？那是一种怎样的感觉？这也是个十分关键的问题。

事情进展不顺利的时候，有的人就会这么想："肯定有我没有注意到的地方，我一定要把它找出来。"而不是陷入沮丧。这就是被自我掌控感影响而产生的结果。

那么，如果你现在并没有自我掌控感的话，希望你可以好好找找原因。是物质方面的需求没有得到满足吗，还是环境、人际关系、信息、知识等其他条件的缺失？再一次整理出你认为必要的资源，并补充到你的 Excel 表格中。

表格内容越多，需要花费的金钱也就越多。因为那时，你的潜意识会认为："为达到目的，我还需要更多的钱。"

自由控制后设潜意识

2-1　搞清自己的后设潜意识

·观察外部世界的能力与内省的能力会同步提升

虽然大脑有头盖骨包围，但实际上大脑是可以支配我们一举一动的。那么，为什么大脑会知晓我们的行为呢？

在原始时代，人类经常会受到危险的动物或其他部落的袭击。所以在丛林中寻找食物时，人们一旦听到什么动静就会十分警觉，时刻都在警惕着危险："它是我的敌人吗？它要攻击我吗？"渐渐就锻炼出了观察外部世界的一种能力。

但随着逐渐进化，人类发展了集体生活，形成了大的集群以及后来的社会，不会再经常突然受到动物或其他部落的袭击。于是，好不容易锻炼出来的观察能力渐渐失去了用处，这种观察外部世界的能力便逐渐显得多余了起来。

于是人们就开始将这种能力用于观察自身。

在人类的进化过程中，大脑也会观察我们自己，并让自己深信不疑："原来我是这样的人啊。"

· 后设潜意识是潜意识的过滤器

个体潜意识会连同集体潜意识一起工作。

但我发现大脑并不是直接反映出集体潜意识的，而是先通过自己的"过滤器"，经过信息加工后反映出来的。

心理学上说，人通过五官来获得信息，其中就有潜意识。与此相对的还有存在于表面的意识，我们称它为显意识。

我将借用"后设"一词，暂且将潜意识的"过滤器"称为"后设潜意识"。

"后设"（meta）一词源于希腊语，意思是"超越的"。

我开始意识到在五官接收的信息与潜意识之间，有着被称为"后设潜意识"的这种"过滤器"。

在我的说明下，后设潜意识将被分为 13 个类别。每个类别又有 2 种固定形式。你可以来想想，你是属于哪一种。

① 按主体性分类，有主体行动型、反应分析型

想到什么就立刻去做，马上付诸行动的人就属于主体行动型。

还有一种人，他会根据周围人的态度或反应来判断自己的事情是否进展顺利，属于反应分析型。

② 按决定动机的方向分类，有目的志向型、回避问题型

有了目标的时候，做事的动机也会更突出的就是目的志向型的人。

也有人为了躲避自身的不安或是风险而提高自己的动机。他们行动的原因大致为：让瞧不起我的人好好看看，想脱离贫穷，想改变这么丢人的自己，想愉快地享受生活，等等。这些都属于典型的回避问题型。

③ 按喜好制定的判断标准分类，有自我标准型、他人标准型

自己想得到的东西、想做的事情、所需要的动机等都需要来自他人的称赞或认可，这就属于他人标准型，也被称为外在标准型。这样的人通常依靠他人来进行自我判断，他人认可自己后才能继续行动下去。

与此相对的就是自我标准型，对别人的评价感觉无所谓，只去做自己想做的事情。受自我标准主导的人不需要别人的赞赏，因为事情是否进展顺利的标准完全是由自己把控的。

　　有一位画廊的老板曾对我讲过这样的故事：有两位同样有名的画家，其中一位想出名，想走红，想受到世人的好评，但他的画却怎么也卖不出去。

　　而另外一位的心态是："我只画我想画的""本来我也不想卖掉自己的画，所以也不在乎如何标价"。这样的画家却经常被人来问画的价格。

　　想得到社会的好评，想出名，就是受他人标准主导。本来也不在乎名气，也不想卖画，只想开心地画画，这就是受自我标准主导。

　　结果是，受他人标准主导的人在社会上得不到较高评价，而受自我标准主导的人却常收获很高的评价。因为受他人标准、外在标准主导的人是不易真正打动人心的，但受自我标准、内在标准主导的人则会更容易引起他人的共鸣。

　　这也是商品是否受人欢迎，你是否能集聚财富的一大关键。

④ 按思考的方向性分类，有未来基准型、过去基准型

所谓过去基准型，就是在做一件事情的时候，常常会想："我为什么想做呢？"要是进展不顺利时，又会想："为什么不顺利呢？"使用"为什么"一词来质问自己，就说明是将侧重点放在了过去。

而未来基准型，就是在做一件事情的时候，思考的是："我想做这件事的目的是什么？"要是进展不顺利时，想的也是："事情不顺利的话会引起什么后果呢？"

人们总是因为陷入过去不能自拔，所以才不能称心。

而将目光放到未来时，你就会产生这样的思考："该怎么做才能顺利走下去？""我遗漏了什么呢？""遇到挫折也是挺有意思的一件事吧？"如此就不会变得负面消极。

如果你不是未来基准型的话，那就锻炼自己用未来的视角来思考问题吧。

⑤ 按选择方式分类，有循规蹈矩型、自由选择型

当做一件事情的时候，有人希望能有人可以告诉他正确的方法，这属于循规蹈矩型，也是大多数日本人的一种做事方法。

这种类型的人总是很相信过去那些行得通的方法，他们就是将视线焦点放在了过去。同时他们往往也具有过去基准型的特征。

与此相对的是自由选择型的人，他们在做事情时，喜欢创造一套属于自己的方式与规则。他们把视线焦点放在了未来。

循规蹈矩型的人，往往做不成什么大事。

⑥ 按侧重点进行分类，有重视感觉型、重视物质任务型

在做事过程中会避开那些快乐、激动或是不安、恐惧等感情，看重体验的过程，重视人的心理感受，这种类型就是重视感觉型。

与此相对的是重视物质任务型，他们在做事的时候，想的是"要是这件事做成了，我的收入会有什么变化""人们会怎么评价我""可以解决哪些问题"，等等。他们会把重点放在这些问题上，看重的是物质以及结果反馈等。

重视感觉型的人因为重视体验过程，所以往往会忽视目标。比方说，在2014年的索契冬季奥运会上，花样滑冰选手浅田真央错失奖牌。在接受记者访问时，她说道："我想充分展示自己的表演，很想去享受这场比赛。"因为她

看重内心的感受，没有把奖牌放在目标的首位，所以她榜上无名。

而重视物质任务型的人会始终紧盯自己的最终目标，所以他们也就有更大的概率获得成功。

⑦ 按目标的焦点分类，有目标基准型、体验基准型

体验过后才有生活的欲望，这叫作目标基准型。在体验的过程中产生了生活的欲望，这叫作体验基准型。

有一些不太好理解吧，那就举个例子。在奥斯威辛集中营中存活下来的精神科医生维克多·弗兰克尔在自己的《夜与雾》一书中写了这样一个故事：

奥斯威辛集中营中大概关押了110万犹太人，但在第二次世界大战结束后，仅仅有200人获得了解救。其中就有维克多·弗兰克尔。之后，他就研究那些幸存下来的人们，结果发现他们都有一个共同点，那就是：他们都是不放弃希望的人。也就是说，他们都是目标基准型的人。

在奥斯威辛集中营里，一位面包店老板这样计划未来："等战争结束了，就在最繁华的地段开一家面包店，让整条街道都弥漫着刚出炉面包的香气，人们一定会很开心。所以我不想待在这里。"还有一位钢琴家想："世界各地

都因为战争而疲惫不堪。我作为一个钢琴家要去世界巡演，去治愈人们的心灵。所以我不想待在这里。"

换句话说，大部分努力想去看围墙外边的世界的人都活了下来，而只想着能活着就好的人却死了。

是选择成为目标基准型还是体验基准型呢？这种选择是决定生或死的关键。

⑧ 按追及责任源头进行分类，有自我原因型、他人原因型

自我原因型的人，如果有件事没有做成功，或是觉得不可能成功时，无论是好的方面还是不好的方面，都会认为是自己的意识投射出来的结果。

与此相对，他人原因型的人遇到这样的情况时，会伤心、沮丧。对于周围发生的事情，无论是好事还是坏事，他们认为造成这样结果的所有原因都在自身之外。认为事情都是自然发生的，责任并不在自己，自己只是受到影响的一方。

他人原因型的人看待别人时，会觉得这个人很坏，那个人也不好。因为他们认为所有事情的原因都不在自己身上，所以也就看不到事情的本质。没有自我掌控的感觉，

只会被一时的感情冲昏头脑。

⑨ 按看待事物的方式分类，有乐观型、悲观型

悲观型的人，当自己想做的事情没有做好，或是出问题的时候，他们想的全是："我最讨厌的事情发生了""不好的情况出现了"。他们总是感到焦虑不安："要是赚不到钱怎么办啊？""我是被人讨厌了吗？"当后设潜意识全变成悲观消极的状态时，人也会消极地看待所有事物。

与此相对的是乐观型的人。当遇到问题或是事情进展不顺心时，他们看到的是："这也挺有意思啊""我有机会开创一个新方法了"。

每当有人问我："梯谷先生，您觉得人一生中最重要的能力是什么呢？"我都会回答道："让人生变得有趣的能力。"树木希林的著作《树木希林的120句遗言》中写道："虽然人生不是用来享受的，但也要在人生中发现乐趣。"

当遇到人生难题时，"真正的自己"会主动去想："来吧，来试着解开这道谜题吧。"

如果面对困难的问题时，我们能够坦然面对，甚至能够开心地说"真是有趣"，结果会不会因此而不同呢？

本书前文提到的"17层级意识能量"里，第2层级呈

现的是平和状态。在这个层级的人不会着急焦虑。而到了第1层级的开悟状态，潜意识会主动判断："我明白了，没有必要去解开人生的谜题。"

这个被称为"开悟"的意识能量，是悲观与乐观的一条分界线。如果不会正确利用悲观的情绪帮助自己，那就锻炼自己保持乐观的态度。

⑩ 按做判断时的心理状态分类，有分离体验型、沉浸体验型

分离体验型的人在考虑自己是否要去做某件事，或当自己决定要去做某件事时，会很依赖外部的权威或理论，习惯于听从社会常识，例如："某某专家就是这么说的。"

而沉浸体验型的人会按照自己的信念、想法以及自我价值观去思考："无论社会或是权威说什么，都跟我没关系""这是我想去做的"。

有些人会因为自己思考的东西没有产生价值，就去学习社会上更"厉害"的知识，渐渐被灌输"某某专家""某某权威"的想法。然后，越发偏离了"真正的自己"，反而丢弃了原本的自我。这样的话就会渐渐地下意识地说不出属于自己内心的想法与意见，在面对现实问题时可能也

会束手无策。

用社会常识和理论来说服自己时，就丧失了对人生的掌控感，因此也就无法很好地生存下去。所以说，请不要总是认为自己是个没有价值的人。

可能有很多的人都属于这种分离体验型。想象一下被社会上各种价值观念捆绑的自己。如果你不能客观地看到自己的状态，那你就是分离体验型。这时，请深入自己内心当中，用自己的眼睛去看这个世界，看待世人，用自己的耳朵去倾听那些声音。

当然，如果你想到了过去那些痛苦的事情，就先与真实的自己分离开，再去客观地分析事物也是可以的。

要是你产生了"如果我是怎样怎样的话，事情就好办多了"的想法，那就有必要成为沉浸体验型的人，走进自己的内心深处。

⑪ 按决定前提分类，有需求型、义务型

需求型的人做事的前提是自己想做，他们的所有事情都是由自己来决定的，会表现为："好，起床吧""好，去工作吧"。

与此相对的，脑海中经常浮现出"不做不行啊""我应

该去做啊""不能这样了"等想法，就是义务型的人做事的前提。

在平时，无意间的嘟囔都会影响你后设潜意识的判断。

有些时候，我们会产生这样的想法："我应该是这个样子的""我不能做这些事情""不可以那样"。但这些所谓的做事标准应当是由谁来决定呢？

当我们拥有自我掌控感时，是不会对所谓的做事标准产生疑惑的。有这样的表现，说明你是在把他人的想法作为自己的标准。总觉得应该这样做，不能那样做，也是没有自我掌控感的一种表现。

早晨起床时，若你想的是"不起床不行啊"，就是把起床当作了强制义务的表现，好像是被谁催着赶紧起床一样。

"不去工作不行啊""不快点不行啊"，这就像是把生活中的事当成了必须完成的事一样，被一种无形力量拖着走。

所以，尝试着对自己说："好，我要起床了""好，我要去工作了""我要快点了"。

⑫ 按自我认知分类，有绝对自我型、相对自我型

当有些事情没有做好时，就觉得自己果然还是不行啊，认为自己还有些地方做得不够，这就叫相对自我型。

与此相对的就是绝对自我型。这种类型的人会觉得自己是最完美的，而对于其他部分，他们会将其看作是一个目标。

遇到困难时，普通人一般都会这么认为："啊，不太顺利呢，算了，明天再说吧。"这就是可恶的根源。

当你的孩子面对一点点困难时，就这样小声抱怨，而你还不予纠正的话，那就是在助长他们的拖延、放弃心理。以后踏入社会，他也不会是什么成大事的人。所以在孩子小的时候就请注意这一点。

⑬ 按态度的认真程度分类，有期待结果型、结果导向型

比方说，有 A 与 B 两个人，他们都梦想着开一家意大利餐厅。

A 是这么认为的："要是有 5000 万日元的存款的话，我想开一家意大利餐厅。"等待条件具备后再去行动，这就是"期待结果型"。

与此相对，B 是这样想的："我的梦想是开一家意大利餐厅，为此我需要 5000 万日元的存款，所以我现在的目标就是存够 5000 万日元。"为达到目的而去行动，这就是"结果导向型"。

同样要存够 5000 万日元，这一点没有区别，但是他们最终的结果却会很不一样。这就是是否认真对待的问题。

"要是有 5000 万日元的存款的话，我想开一家意大利餐厅。"对于这样想的 A 来说，潜意识就会认为 A 不是真的想做这件事。

等万事俱备后才开始着手，那么，便不是发自内心想做的事情，我就别做了吧。A 的潜意识不喜欢付出劳力，只想做可以省劲儿的事情。

就好像潜意识也喜欢在大白天睡觉："等你真的想做的时候再叫醒我吧，在这之前先让我睡会儿。"

而为了实现梦想去存钱的 B，他的潜意识会觉得："你想要开家店，为此你还在争取成功的条件，是吧？如果你是认真的话，那我们就必须要存够这 5000 万日元。"潜意识就会很有干劲儿，开始努力想着如何存钱。

一个人是期待结果型，还是结果导向型，从他的日常语言当中就可以看出来。

是为了变得富有而成为那个真正的自己，还是为了成为真正的自己而需要财富？这两者有着天壤之别。

为了财富才去做事呢，还是为了做事而去积攒财富呢？二者的逻辑顺序是相反的。很多人在这一点上都很迷茫。

后设潜意识的 13 种类型

1	主体性	主体行动型
		反应分析型
2	决定动机的方向	目的志向型
		回避问题型
3	喜好制定的判断标准	自我标准型
		他人标准型
4	思考的方向性	未来基准型
		过去基准型
5	选择方式	自由选择型
		循规蹈矩型
6	侧重点	重视物质任务型
		重视感觉型
7	目标的焦点	目标基准型
		体验基准型
8	追及责任源头	自我原因型
		他人原因型
9	看待事物的方式	乐观型
		悲观型
10	做判断时的心理状态	沉浸体验型
		分离体验型
11	决定前提	需求型
		义务型
12	自我认知	绝对自我型
		相对自我型
13	态度的认真程度	期待结果型
		结果导向型

2-2　作为潜在规则在活动的
　　　后设潜意识

　　假如现在你来到了电影院，但是坐在你后面的一个人忘了关手机铃声，电影一开始，他的电话就开始响。你可能会觉得好不容易来看一场期待很久的电影，却因为一个手机铃声搅和得不能好好看。

　　但是，如果在电影开始前，影院的广播里播放了这样的通知："如有顾客未将手机调成震动模式，且在电影播映途中响起来的话，本影院将赔付每人100日元以表歉意。"在此前提下，再遇到这种事时，你可能第一时间会觉得："哇，能拿到100日元，太幸运了！"

　　在这两种情况中，都有"观影途中他人手机铃声响了"这个事实，但是一种情形会令人觉得气愤，另一种情形却让人觉得幸运。为什么会这样呢？是因为背景规则的不同。

　　当做事的背景规则不同时，人们的感受或是被引导的行为都会发生变化。这里的"背景规则"就是大家的后设潜意识，它为我们确定了现实的走向。

· 切换至效果拔群的后设潜意识

那么，为了使"真正的自己"在世界上发挥价值，你需要怎样的效果拔群的后设潜意识呢？

首先，从主体行动型、目标基准型、自我标准型开始尝试。关于思考的方向性，我们需要未来基准型，而选择方式是自由选择型的话更好。

是偏向人情一点呢，还是偏向物质一点呢？在这一点上，重视物质任务型会更好。在此基础上，如果希望心情愉悦的话，再加上情绪需求就好。但不能以情绪作为主导，因为只追求愉悦的话是无法达成目标的。

在现实生活中，谁需要对发生在我们身边的事情负责呢？为了看透事物的本质，我们需要的是自我原因型，知道原因之后就有了做事的动力。

关于看待事物的态度，乐观型比较好，即使发生了不好的事情，也能打趣着微笑面对。

当想到什么难过的事情时，就先暂且回到分离体验型的状态，但当决定好要以怎样的状态走下去时，还是要回归自己的内心，变回沉浸体验型。

当你觉得"应该这样做""不能变成那样"时，就是丧失了自我掌控感，所以要改变表现自己的语言定势，重塑自己的内心。

"虽然现在还有点穷，但我是完美的，一切都很顺利。""我只是碰巧今天的状态不太好，但那又有什么呢？"要以这样绝对自我、相信自己超级完美的状态开始自己的工作，坚信自己是幸福且完美的，那么现实生活也就会顺着你的心意一点点被改变。

最后，请不要让你失去热情与信念。改变自己的口头禅，转变为结果导向型的人，想象自己是一个以结果为主的行动派。

调整对自己有用的后设潜意识

1	主体性	主体行动型
		反应分析型
2	决定动机的方向	目的志向型
		回避问题型
3	喜好制定的判断标准	自我标准型
		他人标准型
4	思考的方向性	未来基准型
		过去基准型
5	选择方式	自由选择型
		循规蹈矩型
6	侧重点	重视物质任务型
		重视感觉型
7	目标的焦点	目标基准型
		体验基准型
8	追及责任源头	自我原因型
		他人原因型
9	看待事物的方式	乐观型
		悲观型
10	做判断时的心理状态	沉浸体验型
		分离体验型
11	决定前提	需求型
		义务型
12	自我认知	绝对自我型
		相对自我型
13	态度的认真程度	期待结果型
		结果导向型

· 意象练习：设计一个适合自己的后设潜意识组合

之前已经整理出了我们为什么想成为真正的自己的原因，接下来，开始设计一个固定的后设潜意识组合吧。

先来想象一下，一个新的后设潜意识组合需要你怎样的行动呢？希望你可以演练出来。

不让大脑看到你的行动的话，它是无法为你树立信念的。所以，先让大脑学习适应，告诉自己："我，是这样的人。"

游泳选手迈克尔·菲尔普斯就是这么做的。为了让自己处于理想的状态，他就会进行意象训练，思考游一米要划几下水等等，想象着未来，从容易产生反应的神经开始着手，直到自己习惯这样。

2-3 调整自身的"准则"

这里说的准则就是价值的顺序。

人总是愿意在自己感兴趣的事物上花费时间和精力，而对自己不感兴趣的东西则不愿意付出心力。

对待同样的工作，每个人的价值排序都不一样。有人会把金钱放在第一位，也有人把快乐放在第一位。认为金钱更重要的人，哪怕他认为这份工作挺让人开心，但要是没挣上什么钱，他们是不会对它持续抱有兴趣的。而对于认为快乐更重要的人来说，即使他觉得做这个还挺挣钱，只要他觉得不快乐，可能还是会拒绝这份工作的。

·一个案例：有目的性地改变自己的价值顺位

这是大概 30 年前的事情了。当时的日本原宿，有很多从事时尚行业的服装品牌店铺和工厂，其中有一家服装工厂，妻子是老板，丈夫是总务，还有两名员工。当时他们的资金周转有些困难，所以来问问我的建议："我们想从银行借点钱，但是却不知道怎么写事业计划书。"

我作为被求助者，首先问了他们这样的问题："您觉得经营一家女士服装工厂，最重要的是什么？"

"因为我们是时装类的工厂，所以我觉得最重要的是设计要漂亮。"

"那么在经营方面，第二重要的是什么呢？"

"可以在服装上表现一种自由吧。"

"这样啊，漂亮与自由……那么再往下，您觉得什么样的感觉最重要呢？"

"可不可以充分展现自己吧。"

"然后呢？"

我就一直这样问着，突然意识到了一件事："老板，您说的这些当中并没有提到'钱'呀。"

"噢，您这么一说，我确实没提到，但资金的确是很重要的。"

"所以您才会资金周转困难。"

我告诉他们自己是如何利用心理术来做咨询的。于是我这样建议："将金钱放在自己重视的价值首位吧，第二位是漂亮，第三位是自由，第四位是自我表现。试着这样改变一下您的价值顺位，看看会有什么变化。"

然后他们便成功制作出了事业计划书，还顺利从银行借到了钱。

在大概一个月以后，我还在留意这家工厂，于是又访问了那里。正巧老板不在，我就问了问员工："最近您这边的资金运转怎么样？"

然后员工这样对我说："一个月以前，请教过您以后，说实话活儿不是很好干。"

员工接着说道："从那以后，只要遇到什么事儿，老板说的第一句话就都是关于钱的，她会先问问客户：'我们能赚到多少呢？''这个我们能多拿几成？''不能给我们些优惠吗？'"

员工、客户最开始都是因为老板娘重视服装设计的美观自由、自我表现而选择来共事的。而这样的老板娘突然开始张口闭口都是钱，让大家都觉得不适应，但大家也不得不去面对。

几个月后我又一次到访。

"最近您这边怎么样？"

"资金周转开始变好了，工作像最开始那样好做多了。"

"那您就继续保持这样的状态吧。有什么事儿的话您找我。"

到此，我的工作完成了。

又过了8年，一天我要赴约，正好路过那里，突然好奇那家工厂是不是还开着，于是就进去看了看。我发现工厂生意越来越好，都盖起了自己的公司大楼了。

· 制定准则

从以上的案例中我们能学习到的东西是很简单的：没有追求的价值就不用列入准则顺位中。

那么，你的价值顺位是怎样的呢？一起来看看吧。

当我们利用着各种资源，让"真正的自己"为世界创造价值的时候，首先整理一下我们需要重视些什么。

比方说，一位搞笑艺人是不能靠认真严谨来博得眼球的，这样的人当然需要幽默与独特的特质。

保育人员或是护士等，就要把温柔、善良等品质排在前位。

你要怎么做呢？首先，不考虑排位顺序，先来想想，为了实现目标，你需要哪些重要的特质，一边参考后面的关键词一边列举出大概 10 种。

列出 10 种特质后，再来排列先后顺序。

想想哪些特质或价值应该优先取得，从中选 5 种出来并排列好顺序。然后再回过头来想想现在的自己是否具备这些条件。

明确特质的优先顺序

主要的特质举例：

利益（金钱）、幽默、独特、耿直、效率、贡献、爱心、稳重、牺牲、
优秀、自由、冒险、专注、认同、和谐、专一、准确、成就感、
充实感、正直、奋进、成长、成功、热情、地位 、成果、协同、
伙伴、自立……

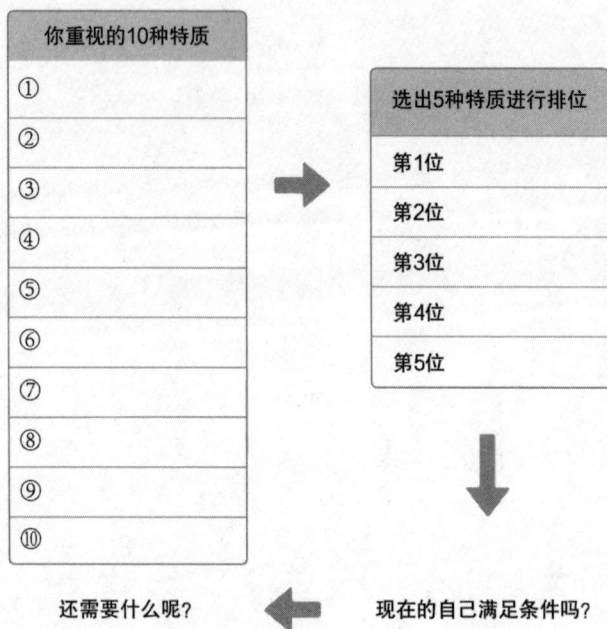

你重视的10种特质
①
②
③
④
⑤
⑥
⑦
⑧
⑨
⑩

选出5种特质进行排位
第1位
第2位
第3位
第4位
第5位

还需要什么呢？ ← 现在的自己满足条件吗？

如果你不满足于前5种特质条件，为了弥补差距，你认为还需要什么呢？

假如在金钱方面你没有达到条件，你要怎么做呢？

对于你选出的前5种特质，你觉得在什么时候可以具备条件？例如和谁见面的时候，在怎样的场合等等，请列举出来。

请写下为满足条件你所需要的东西，以及你认为可以满足条件的时刻或场合。然后在此基础之上，再加上物质、环境、人际关系、信息、知识、身体状态、经验、情绪等必要条件。

· 与价值特征的优先顺序不匹配时会出问题

大脑或是潜意识会在价值顺位较前的东西上花费更多的时间与精力，对顺位较后的东西则不会。但是有的时候，我们也要勉强在顺位较后的事物上花费时间与精力。

为了生活，我们不得不赚钱。没有人例外，即使你不愿意也必须去做。

在这样的状态下，如果把工作当作强制的义务，工作就会令你十分痛苦，而后去逃避现实，使健康甚至是人生出现问题。

所以说，价值特质的优先顺序，是判断"真正的自己"是否符合自己理想的状态，以及大脑是否有做事动力的一大关键。

2-4 为了成为"真正的自己"，
你的预算是多少？

从现在开始，我们将正式开始讲述如何塑造可以汇聚财富的人格。

首先，请先来想一想，为了找到"真正的自己"，你需要多少的预算（金钱）呢？未来的30年里你想保持一个怎样的状态，想要发挥多大的价值呢？为此，我们来做个时间列表吧。

请在1年后、3年后、5年后、10年后、15年后、20年后、25年后、30年后等各个时间点，推测一下理想状态下的你，为了走向成功，大概需要怎样的物质和环境，需要怎样的人际关系、必要的经验或实践，保持什么样的言行举止、身体状态、情绪状态，掌握哪些知识、信息、能力、战略方法等。

然后，再来明确以下两点：

（1）总计需要多少费用？

（2）支出用于哪里？

我们可以通过网络调查、收集估价单等方式来清楚明确我们所需要的具体金额。

我们的大脑或是潜意识在判断我们是否有认真的做事态度时，比起"大概需要 10 万～ 20 万日元吧"这样笼统模糊的数据，给出"做这件事需要 ×× 万日元"这样具体的数字会更好一些。

·为锻炼大脑与潜意识必须要做到真实感

需要多少钱？出于什么目的？把这些都想好了之后，做一个 Excel 表格，将内容分别记入 1 年的、3 年的、5 年的……这样单独的时间界面里。

一年里，将我们在物质、环境、人际关系、信息、知识等方面所需要的金额分别写清楚，并在旁边附上自己的目的，最后再计算一下总金额。

你可以这样告诉自己："为了成为真正的自己，为了能在社会上发挥自身价值，我需要 8000 万日元。加上明年的投资和剩余资金，这一年我要挣到1亿日元。"

这样来告诉我们的潜意识之后，它就会开始工作了。这样做的目的是完成我们的任务，所以要先具备所必需的条件。

不告诉它的话它是无法行动起来的。

案例：一旦明确目标就意味着可能轻松地完成指标

以前，有一位保险业务员来找我咨询。他个人年收入有3000万日元，可以说是比较成功的。

他说："我想将个人年收入提升到5000万日元。"

"为什么是5000万日元呢？"

"因为有一位我非常敬仰的前辈的年收入就是5000万日元，我也想像前辈那样。"

"那你可能做不到。因为你的大脑并不是真正想这么做的。"

当时我给了他一个建议："为什么一定要是5000万日元呢？请你先列出200个理由吧。为了变成那样的自己，你需要多少经费？为什么需要？先把这些整理出来，下次来咨询时再带来。"

一个半月以后，他带来了Excel表格，然后他说："老师，我今年的年收入突破 5000 万日元了。"

他第一次来我这里是 3 月份。那时候他就说想将年收入从 3000 万日元增加到 5000 万日元。5 月份，他又来做个人咨询，在一个半月的时间里，他拿下一个大单子，达成了他个人年收入 5000 万日元的目标。

潜意识的活动原理就是这么简单。让大脑的后设潜意识转化为行动导向型，就需要将目标与金钱明确化。这有着一系列的流程。

我会在坐电车的时候或是其他零碎的时间里，给自己制订一些小目标，比如学习点什么、看一本书、计划穿哪件衣服……没有纸笔或者电脑，就先写在手机上的备忘录里，回到办公室再添加到电脑里。按照这样的方式，我们所需要的金钱也会慢慢积攒起来。

为了成为"真正的自己"，请认真地填写你所需要的预算。这样才能构建出可以汇聚财富的人格的基础。

2-5　调整自身人格结构

你打高尔夫球吗?

如果有一位水平有限的教练教你如何挥杆,你完全照着他的方法练习,结果发现越是练习,你的挥杆技术越差劲。就算突然想要改正,可那些动作已经变成了你的习惯,改正起来会很困难。

所以,一开始选择跟随一位怎样的教练学习是非常重要的。

做生意也是同理。如果你向年收入 1000 万日元、能力有限的生意人学习如何经商赚钱的话,学到了坏毛病,也是不容易改正的。

·抛弃向非一流的成功者学习经商的想法

在我 27 岁决定要单独创业的时候,银行账户里余额只有 1428 日元,就向税务局递交了申请。因为没有生活费,我就白天营业，晚上到工地兼职当警卫员，很辛苦但也熬过来了。

虽然生活不易，但我也从没想过去学习不专业的经商方法。因为我知道向小富即安的人学习，只会让我半途而废，所以我只想向真正成功的人学习。然后我就开始参加各式各样企业家的学习会，但发现那都是些小富即安的企业家或是指导人员开的课程，也没什么意思。

我当时觉得，会不会也有和我一样抱有不满情绪的人呢？我就向一位年轻的企业管理者搭话，结果他说："其实我也这么觉得。"

于是我就发起倡议，与几位伙伴一起出钱去请我们感兴趣的企业家，向他们学习经验，就这样，我们建立了一个学习团体。

这个计划很受欢迎，从全国召集了2000人左右成为会员，然后请来各个领域的上市企业的成功人士做讲师。

我发现，这些人中，有人在收入较低的时候起步，在平均5年里做到了个人年收入突破1亿日元。我对他们的思维方式和对时事的评判等做了一个彻底的调查与分析，然后开始学习。这也造就了我可以像现在这样来发掘各种技能的能力。

在那之后，我作为一名从商顾问一直跟受众打交道。来咨询接受指导的人当中，有很多人都成了富翁。每年的9月份，我们都能收到很多好消息："我今年的个人年收入终于超过1亿日元了！"

这本书中的技巧就是我将从成功人士身上学到的东西整理成体系后呈现出来的。反正我们是要学习经验的，那就要向社会中的佼佼者，向那些已经成功的人学习。

另外，从他们身上我还学到了一点，那就是调控人格结构与培养自信的方法。

· 成为"真正的自己"所需的人格结构

你应该也会制订一些必要的战略，去努力达到人生的目标吧。

还是说，一边想着自己做不到，觉得事情根本没有想象的那么简单，一边去尝试那些消极无用的方法呢？

在个人信念与价值观方面，如果你深信自己无法做好生意，也无法达到年收入1亿日元的目标的话，你可能就会下意识地采用一些消极无用的方法，然后自然而然地说："看吧，我就说这个生意做不下去嘛！""看吧，我就说挣不到1亿日元吧！"就是因为你为自己创造出了这样的环境，才产生了这样的行为。

那么，怎样在基于自身认知的基础上来选择适合自己的信念或价值观呢？

如果你认为自己是个很脆弱、很没用的人，是个没有价值、让人丢脸的人，你可能就会形成这样的信念和价值观，"这个世界没我想象的那么简单""无论我做什么都不会对这个世界产生任何影响"，从而去采取一些消极无用的行动，最后为自己创造出消极无用的环境。

自己处于怎样的环境，采取怎样的行动，拥有怎样的知识、战略，抱有怎样的信念和价值观，有着怎样的自我认知，我将这些要素笼统地称为"人格"。

这样的人格结构等级也被称为思维逻辑层级（NLP）。换句话说，我们的人格都是这样组合而成的。如果有不善经商的人格那就做不好生意，如果能将其转变为擅长经商的人格，那你的生意也会顺风顺水。就是这么简单。

而人格会投影到我们的现实生活当中。

思维逻辑层级是这样的一个结构：最下面是"环境层"，代表你生长的环境和现在置身的环境。往上一层是"行为层"，在这样的环境中你会做出什么行为，这样的行为又会对你的环境造成什么影响。再往上一层是"能力层"，你拥有的知识、信息、能力将决定你的行动。再往上一层是"信念系统"，基于你的信念与价值观，来决定你选择的知识、信息以及你想要的能力。最上面一层是"身份层"，也就是自我认知，关于"我是谁"的问题。

·依据人格结构进行自我检查

因为人格是个很笼统的概念，所以我们要依据其结构来对照认识自己。

在之前的步骤2-4中，我们分别列举出了在1年后、3年后、5年后、10年后、15年后、20年后、25年后、30年后自己理想的状态，其中哪些是对你有用的呢？我们参考着思维逻辑层次（环境、行为、能力、信念、身份）这个概念来认真思考一下。

一年以后看看，假设最高程度是100%的话，成为"真正的自己"的那份自信，现在达到多少了呢？如果没达到100%，那么你还欠缺什么呢？是什么让你觉得没有足够的自信呢？是物质方面不足、情绪不足、经验不足吗？再将这些补充到之前的预算表格里，然后更新总金额。

假设，今年我需要8000万日元的经费，那么我就得有9000万日元的年收入，那我之前预想的1亿日元可能就有点低了，可以考虑及时将目标更新为 1.3 亿日元。

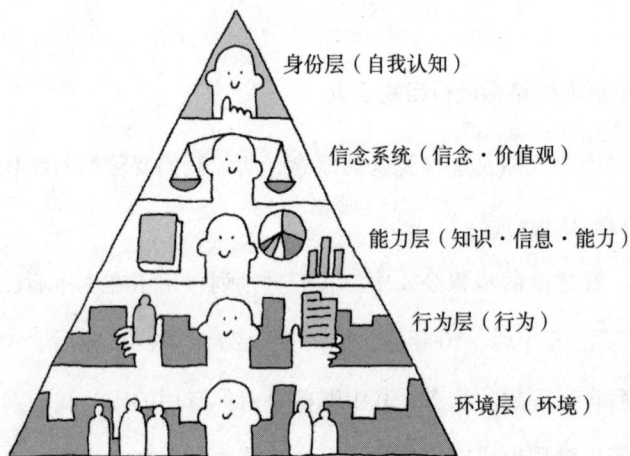

身份层（自我认知）

信念系统（信念·价值观）

能力层（知识·信息·能力）

行为层（行为）

环境层（环境）

思维逻辑层次

依据人格结构，在 1 年后、3 年后、5 年后、10 年后、15 年后、20 年后、25 年后、30 年后这样的时间单位里整理出自己的目标。借助 Excel 表格应该会方便一点。

· 荧光灯无法照到月球，那就用激光灯

普通人的思维逻辑层次（人格结构）都是零零散散，且没有方向性的。就好像在玩两人三足游戏，一个人想往西走，另一个人想往东，根本无法前进，也无法达到目标。只有两人的目标方向统一后，才能朝着目标前进。

对于那些人生如意，能汇聚财富的成功人士来说，他们思维逻辑层级的方向性是一致的。

在日本有很多夜晚依旧灯火通明的地方，像新宿的歌舞伎町或六本木或夜景十分有名的函馆等。特别是六本木和新宿歌舞伎町，那里使用的荧光灯功率惊人，可达到几百万瓦特。

但即使有几百万瓦特的照明，可从月球上看还是什么都看不见。因为那种光是照不到月球的。

NASA（美国国家航空航天局）有个器械可以测量月球到地球的距离。首先在月球上放置一面镜子，然后用器械发射激光照射在镜子上，激光再反射回地球。计算光线从发出到折回所用的时间，就可以测量出月球到地球的距离。

几百万瓦特的荧光灯是无法照到月球的，只能用激光

灯。那么激光灯需要多少瓦特的功率呢？其实连 15 瓦特都用不了，比日常用的荧光灯的功率还低。

为什么几百万瓦特的荧光灯都照不到月球，而 15 瓦特的激光灯却可以呢？

人和所有的物质都是由分子构成的，分子是由原子构成的，原子是由基本粒子构成的，其中就包括电子。荧光灯的电子活动是自由散漫的，不能集中，而激光灯的电子都朝着一个方向移动，所以就很有力量，有的激光还可以切开金属等坚硬的物体。其中的关键就是所有的电子朝着一个方向移动。

人也是这样，如果他的思维逻辑层级的方向都一致的话，他就可以发挥出不一般的力量，也可以尽早地达成目标。

统一思维逻辑层级的方向

在两人三足游戏中,两名参与者是朝着相反的方向前进,还是朝着一个方向协同前进呢?两人的配合度会影响到他们最终的成绩。

2-6　如何控制自信度

· **在浅草重新找回江户子①的感觉**

　　某个电视节目播放了一个片段，讲述的是荞麦面店的老板娘在萧条的浅草街道上重新振作起来的故事。

　　这位老板娘想让失去人气的浅草再次迸发活力，就提议在浅草举办桑巴狂欢节，由此还倡导实施了各种措施，比如让双层公交行驶在浅草区等。

　　有一次，她遇到了新大谷旅馆的董事长，老板娘被问道："你的愿望是什么啊？"她是这么回答的："我想买下这里的土地，我很需要这块地。"

　　那是 20 世纪 80 年代，日本泡沫经济的前夜。那时候 1000 平方米的土地大约值 30 亿日元。然后那位董事长

---

① 江户子：指日本江户时代生于江户并以此为豪的人，尤其是指生于江户工商业者居住区的人，一般形容人出手大方、不拘小节、固执易怒、人情味足、多愁善感、一身正气、潇洒不羁、性急、没耐心等性格特点。

说："噢，那就去用吧。"于是将 30 亿日元的土地一下子卖给了她。

到了 1986 年，她在那里建起了浅草 ROX 商业大楼。

如果她当时想的是"虽说是为了买土地，但是 30 亿日元如此庞大的金额我根本负担不起啊"，那她可能也不会有现在的成就了。

如果怀揣着"这要是做到了得多有意思啊"的心态，随性一些，就像前文中提到的"我看行"的那种态度，你也能打开财富之门。

· 练习培养和掌握自信度

为了让自己找到这种感觉，从现在开始，试着练习一下怎样以百分比的方式来表示自己的自信度，并能够把这种感觉成倍地放大表现出来。

在步骤 2-5 的人格结构中，我们已经整理出了从 1 年后到 30 年后自己理想状态下的人格。紧接着，如果有必要的话，请继续补充上去。这样就可以明确我们需要的经费，就可以调整我们的自信度了。

希望你能体会到掌控着自己的自信的感觉，因为这将是塑造汇聚财富人格的一大关键。

如果想要年收入达到 1 亿日元，那能够配得上这 1 亿日元的自信是什么样的呢？你可能会想"需要 50% 的正直"等等。没关系，你可以大胆想象。

　　然后试着把这份自信度的数值乘以 2，这时的年收入将会是多少呢？假设，挣 1 亿日元所需的自信度为 50%，那两倍就是 100%。这时的年收入自然而然地就超过 1 亿日元了吧。

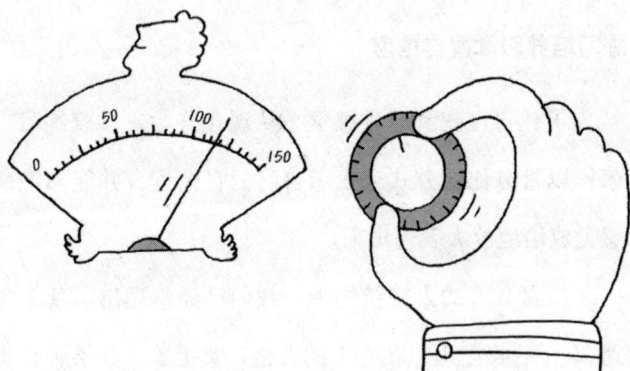

调整自信度

你可能会这样想：自信度如果是 70%，就能够赚到 1.4 亿日元，单纯地乘以 2 的话就是 140%。那 140% 自信度的年收入就是 2.8 亿日元了。

　　就像做游戏一般地去感觉和想象你所需要的年收入吧。打破过去的状态，重建自信，让自己焕然一新。

　　在这里我还想强调一点："感觉"是会在一定程度上造就现实的。

第三步

磨炼潜意识的实训

3-1　重新审视一天中的活动

· 大脑会衔接上伟大意义与个人意识

有位老板在一个半月之内实现了营业额激增。他在睡觉前和起床后都在重复着一件事情，就是去想象"真正的自己"。

"又是崭新的一天，今天我要这样度过。我离真正的自己越来越近了。"

把这种想法贯彻到日常生活当中，是帮助他汇聚财富，实现业绩上升的第一步。

大脑会观察人类的一举一动，不论是集体潜意识还是广阔无垠的宇宙，它都可以感应得到，感觉就是存在于外面的庞大无形的意识正在链接协同着大脑。

"我的心脏必须跳动起来""肺必须工作起来""肾脏必须活动起来"……我想没有人会时时刻刻去思考这些事情吧。

就像潜意识与心脏的跳动无关，大脑的活动也是独立于意识活动之外的，关键在于是谁发出指令。无意识、个人的意识都是靠大脑来中转衔接的。

·整理出日常生活行为及其目的

你平常都过着怎样的生活？

请整理出你从早到晚一天的日程安排，要尽可能详细。不要笼统地表达，希望你能详细地写出具体做了哪些事情，并在旁边写上为什么要这样做。

日常生活的行为及其目的

日常行为	目的
（例）6：30刷牙	· 口臭的话会让大家反感 · 不刷牙觉得脏

比方说你每天早上刷牙这件事。你为什么要去刷牙呢？如果你这么回答：

"因为口臭会给大家带来困扰。""因为不刷感觉很恶心。"

这属于回避问题型，这样是行不通的。

因为大家都是这么做的；因为电视上是这么说的；听说这样做比较好；因为不想给大家添麻烦……

整理出日常生活中做每一件事情的目的所在，就能够明白，这些全都是回避问题型、他人标准型人的处世方法。

久而久之，回避问题型的人一直在不断地回避着问题。他人标准型的人因为没有自己的想法，总是在无形中被操纵摆布。这样下去，他们自己的潜意识就一直遭受着打击。

为此，至少有一次，我们应该来认真回顾一下平常所做的事情，想想自己是为什么去做那些事情的。

·给稀松平常的事情重新赋予目的

现在，让我们为那些平常所做的事情赋予新的目的。例如你以前刷牙是为了避免"口臭会让大家困扰""让人觉得恶心"等问题，现在我们来改变一下这些认知。

　　"刷牙会刺激大脑。"
　　"刺激大脑会更容易让我突发奇想。"
　　"因为我的突发奇想会改善我的经济，我也就能做我想做的事情。所以，我要刷牙。"

　　潜意识是不会去判断一个想法是否正确的，它只会认识到："原来是这样的啊。"
　　比方说，你为什么要读报纸呢？
　　"因为有点跟不上时代了""因为有点跟不上话题了""觉得读一读报纸总是好的嘛"，如果抱着这样回避问题、以他人为基准的想法是行不通的。
　　"因为读报纸可以了解世界上正在发生着什么。因为可以推断出时事发生的背景、世人正在追求的东西，也就可以发掘别人不曾发现的某个事件或现象的背后原因，这也许会帮助我做生意，去创造一个更好的世界。所以我要读新闻。"
　　像这样小声嘀咕，会让大脑与潜意识之间的距离越来越小。

希望你可以重新审视自己的日常琐事，重新思考事情背后的原因。

·东证一部上市企业老板的悄悄话

以前我遇到过这样一件事：有一位跟我同龄的 27 岁创业者，将自己创立的公司打造成了东证一部的上市企业。有一次我和他在咖啡馆谈事情，结束后我们 AA（平摊）结账，每人 500 日元。我们去了收银台，他悄悄嘀咕了几句之后支付了 500 日元。我觉得这位成功人士的行为有些奇怪。

"老板，您刚刚在小声嘀咕什么呢？"

"嗯嗯，我刚刚在说，'从现在开始，我为了达成自己的目标，为了达到自己的任务目标，我要花掉这 500 日元。'"

我听到后鸡皮疙瘩都要起来了。

"您每次都这样做吗？"

他笑着说道："要是没有这个步骤的话，就没有现在的我了。"

"噢，是这样啊！"我不由得拍了下大腿。

我们当然可以随随便便地花掉这 500 日元。但这与为了达成目标，为了完成任务目标而花掉这 500 日元时的思想活动是完全不一样的。

进行那样的思考时，大脑会明显感觉到"我又前进了一步""我又离目标更近了"。

所以是随随便便地花钱，还是为了靠近目标而花钱呢？这一点值得我们思考。

这位大老板就算是乘电车付费时，都是会一边小声嘀咕一边支付的。对他来说，这种进展顺利的感觉是非常重要的。因为，感觉可以造就现实。

这位老板一直都在培养自己的这种感觉。所以他才能将自己开创的公司顺利发展成东证一部的上市企业。

一般来说，我们都需要偿付税金或水电费。

消费税率都是固定的。个人所得税的税率也是按照不同梯度的收入来决定的。水电燃气费、电话费都是用多少缴纳多少。

这些钱，我们是不情不愿地去缴纳呢，还是开开心心地去付款呢？这就存在着很大的不同。

要是你不情不愿地掏钱，觉得自己不想交税，但有规定，必须得交，也并不想交水电燃气费，但为了生活也必须得缴纳。在这样的思想状态下，你便并不是在有效地控制金钱。

人们都讨厌不受控制的东西。如果无法控制金钱，就会觉得金钱是个麻烦的东西，因此也就懒得去考虑怎么控制金钱了。大多数人的潜意识都有这样的流程，所以他们也无法很好地控制自己的资金。

然而，上述的那位创立上市企业的老板则不同。他说："我是怀着这样的目的去花钱的。我是为了这样的最终理想，也是为了完成今年的任务目标，而去花掉那些钱的。"

在这种情况下，大脑就会认为你是在为了完成目标而花钱，潜意识就会让你离目标更近一步。这就是拉开贫富差距的一个原因。

· 养成习惯：抱着某种目的去花钱

为了完成目标而花钱

如果你梦想过上富裕的生活，那么花钱的时候就不要有回避问题型、外在标准型、反应分析型的状态，而是要养成抱有明确目的去花钱的习惯。

希望你可以坚持2~3周，每次都告诉自己："我是为了××而花钱的。"

刚开始可能会觉得有点麻烦，但如果习惯了的话，大脑便会深信："这些交通费是为了××而花的""买咖啡的钱是为了××而花的"。

随后，不需要刻意地坚持，你自然就会朝着目标前进。而在这时，树立什么样的目标就很重要了。

3-2 训练自己用全新的人格度过一天

在步骤 1-3 中，我们已经选择出了自己希望成为的三种人，将他们进行合体，变成了一个新的人格。那么想象一下合体后的这个人会怎样度过一天，然后照着你的想象去实践一下。

· 对新的人格深信不疑

大脑是可以清楚地了解到你的一举一动的。

年收入 3000 万日元的人只会做年收入 3000 万日元的事。年收入 1 亿日元的人做出年收入 1 亿日元的行为后，他自然就会挣到 1 亿日元。而年收入 3000 万日元的人要是按照年收入 1 亿日元的人格去行动的话，大脑就会感到很疑惑。

"咦？你的年收入只有 3000 万日元而已，为什么行

为会和平常不太一样呢？"

但是，一旦我们的大脑接受了年收入 1 亿日元者的行为方式，就会对此深信不疑，开始改变。

"昨天他的行为是年收入 1 亿日元的模式，今天也是，前天也是……"

就这样，大脑就深信着自己是能够赚到 1 亿日元的人格。在理想状态下，我们坚持一个月，就会转变为这种人格，完成人格记忆的改写工作。

现实生活会随着我们的信念发生改变。收入改变，交往的对象也会随之变化，收集到的信息也会不一样，各种工作机会也会跟以前大不一样。

· 回顾以全新人格度过的一天

前面，我们已经假设合体后的人就是自己，并且将这种人格穿插在自己的日常生活中来做事。现在，我们来复盘一下这一天你的行为，分类整理出那些进展不错的事情和不太顺利的事情。

之所以必须进行这一步，是因为要确定一下好的方面与不好的方面的后设潜意识分别是什么样的状态。

一天之中你会做很多事情，比如刷牙、看报、看电视……那么就来确定一下，在这些日常行为中你的后设潜意识是如何工作的。

如果你属于回避问题型或是他人标准型的话，那么，那些行为做得越多将会对你越有害，金钱也不会向你靠拢，反而会离你越来越远。

"今天为了回避问题就不缴费了吧，等明天转换成结果导向型的状态再来支付吧。"

"今天和客户谈话时不小心变成了他人标准型的样子，明天就以自我标准型的样子来好好聊一聊吧。"

就像这样，多多检查确认一下自己的后设潜意识。

· 依据思维逻辑层级来检查人格的构成

接下来，再来检查一下这一天当中你的人格构成情况。

你现在处于怎样的环境？你在这样的环境里有什么具体行为？这样的行为又是基于怎样的知识、策略与技能？这样的策略是在怎样的信念、价值观下产生的？这样的信念、价值观诞生了怎样的自我认知？

从"自己太弱了""不行""没有价值"这样的认知中得出结论，"世界没有自己想象的那么简单""我什么也做不成"，并且对此深信不疑。在这样的状态下，即使你有各种策略，可能都不会帮助你顺利地走向成功。

所以，我们很有必要在日常生活中及时调整自己的人格构成。

3-3 训练自己变成绝对自我

回顾这一天发生的事情的时候，希望你可以培养自己变成"绝对的自我"。这一步做与不做的区别是很大的。

·绝对自我产生于不同的小声嘀咕

当只做了一天必做清单的 60% 的时候，普通人都会在心中这样嘀咕："今天不太顺利啊，还剩了 40%，明天再做吧。"

如果一直持续着这样的想法，就会渐渐开始自我设限，事情会朝着不好的方向发展。

那么，要怎么做才对呢？

"今天这样就好了。完美。明天继续（来做剩下的40%）。"

以这样的总结描述今天的工作情况，将未完成的任务视作下一个新目标，放到下一个新的计划里。

如果到了第二天任务也只完成一半，你也可以这样去想："今天就这样了，目标完成，完美。"再将剩下的50%归到第三天的新计划里。如此重复操作。

为什么要这样做呢？这是因为，当我们做得不够完善的时候，要是一直念叨着自己没做好的话，就会感觉自己始终剩着一个没处理的小尾巴，长此以往，就更无法让自己顺利完成目标了。

把未完成的工作看作第二天的一个新的任务，如此一来，你渐渐就会萌生一种信念："我每天都完成目标了，我每天都处于很完美的状态。"

我是完美的，我是幸福的，只是碰巧现在有点穷。

我是完美的，我是幸福的，只是碰巧现在在生病了。

我是完美的，我这样就很好，只是碰巧被女友甩了。

通过这样的自我暗示，就会让自己笃信自己是完美的，自己每天都会完成目标。这是你改变现实的第一步。

如果你每天都是以"我又没做好"来总结这一天的话，渐渐就会深信着人生并没有自己想象的那么简单，或是觉得自己是成不了大事的人。这种心态会阻挠你迈向成功。这同时会让你自我限定，会造成与下面的自我暗示截然不同的结果。

培养绝对自我的自我暗示

有时候，我会被问到这样的问题："明明只做到了60%，却要说这样就很完美之类自我满足的话，那岂不是削弱自己的上进心吗？这样是不是也不太好啊？"

我们都看过很多关于集中注意力、坚定斗志之类的理论，但其实这些就是人成功不了的原因。因为这些理论反复强调的都是自己的不足之处。

而作为一个生活妙招，在一天结束前的 5~10 分钟小声嘀咕，暗示自己是完美的，是很不错的，用这种方法，会培养出绝对的自我。我请很多人都尝试过，他们改变之后，收集到的信息、人脉以及获得金钱的多少与之前是完全不同的。

· 为了提高效率，只要想着"我可以管理好自己的时间"就行

美国的一位社会心理学家曾发表了这样一个观点："工作效率是高是低，与能否管理时间无关。"然后紧接着说："觉得自己可以管理好时间的人，工作效率就高。觉得自己管理不好时间，那他的工作效率就低。就是这么简单。"

换句话说，重点并不是你能不能管理好时间，而是你是否觉得自己可以管理好时间，这才是提高个人工作效率的关键。

比方说，你决定在下午 3 点之前完成制作资料的相关工作，但你可能会遇到一些情况，随后便想："3 点可能来不及了，那就改到 5 点吧。"

一般人会觉得，如果改到 5 点左右，就能把事情做完了。但是这样做只会进一步强化你的想法，认为自己不是个能

管理好时间的人。按照前面提到的社会心理学家的话来说，这样管理时间的人，做事效率是不高的。

而做事效率高的人往往都是这么想的："这些资料要在 3 点前完成。好的，到 3 点了。虽然工作没有做完，不过很好，任务完成。制作资料的工作结束，稍后开始下一阶段的任务。"

伸伸懒腰，来一杯咖啡休息一会儿，将刚刚剩下的工作归置到新的任务当中。然后，在 5 点之前完成任务。

以上这两种状态有什么不同吗？不同点在于做事效率高的人能感觉到自己在掌控着自己的时间，而效率低的人则感觉到工作内容都是一样的，而且还需要做到 5 点。然而，是选择一边说着"还没做完"一边继续工作呢，还是先截至 3 点完成一部分，然后将剩余部分视作新的工作任务，并做到 5 点呢？

即使工作量一致，但营造出的感觉是完全不一样的。

我经常也会无法按时完成工作任务，但我听了社会心理学家的话后，改变了自己的做法："预定时间结束了。好的，那就先告一段落，喝点茶，剩下的就当作新的工作任务来干吧。"

然后，我在那一天当中完成的工作量大约达到了以往的 1.4 倍，并在那之后的一周、一个月、一年之后，实际完成的工作量都远超从前。

即使是同一件事情，也有不同的应对方法。是以自我限定的方式去做呢，还是选择绝对自我的方式呢？是坚信自己无法管理好时间呢，还是觉得自己可以掌控好自己的时间呢？不同的选择带来的结果会是完全不同的。

· 从有价值的想法当中获得绝对的自我

还有，我们再来聊一聊其他观点。

在恋爱中，有很多人会这样想："我已经对男友十分尽心了，但他却说感觉很沉重，于是离开了我。"

这背后的原因是什么，你知道吗？

因为你一直觉得自己没有价值，无意中就让自己的价值流失掉了。所以十分渴望被认可，想填补内心的空虚，想拥有爱，于是为爱情倾尽所有。

而站在另一方的角度来看，当感觉到你的那种"快认同我""还要更多"的强烈期盼与压迫后，会有什么感觉呢？应该会觉得有些郁闷吧。这就是对方会觉得沉重的原因。

对方可能会觉得"你应该要好好认同自己啊"。而你所缺少的正是"我是有价值的"这种绝对自我的感觉。

"我是完美的。到现在为止我都很棒。"

能够这样想的人，在倾注爱后，身边的人会洋溢着幸福感。我们说的找到自身价值就是这种表现。与有明确价值观的人相处，会让人觉得和他在一起总有好事发生，所以不想让他离开。

拥有绝对自我的人有汇聚财富的能量

钱是靠人来管理的。人能挣到钱是因为他做了能挣到钱的事。反之，人要是做了无法聚财的事情，他自然无法受到财神的眷顾。

无论在什么时代，能否汇聚财富的关键就在于如何发挥人的力量。如果始终都觉得"自己是个没什么价值的人"，那自然与财富无缘。

3-4 让大脑习惯超越极限的方法

·确信程度达到 60% 以上，潜意识就会朝着目标努力

脑科学的研究表明，当我们对某件事情的确信程度超过 60% 以后，就会觉得事情好像渐渐地在朝着好的方向发展，将自己的理想渐渐转化为现实。

假设一个人完全不自信的状态是 0，绝对自信的状态为 100%，这份确信程度超过 60% 后，就会深信自己可以完成任务，这时的潜意识也将开始朝着目标推进。但是，如果没有达到 60% 的话，潜意识则会开始向你证明："你看，我早说了吧，这事儿你干不成的。"

潜意识只想要去证明它相信的东西。所以说，提升自信程度是非常重要的。

但一下子就达到 100% 的自信状态，其难度也是可以想象。即使一直小声自我暗示"我可以"，也没多大作用。尤其是当你一直对自己说"我相信我可以做到"，潜

意识会渐渐认为，你只是一直想说出"我相信我可以"这句话而已，而内心不是真正这么想的。

一直告诉自己要相信自己，却不暗示自己要顺利地完成任务。这种舍本逐末的事情将会使你得不偿失。

这个时候，有必要让大脑产生一种"自己应该没问题，可以做到"的感觉。

具体要怎么做呢？下面来一一阐述。

· 不可思议的心理：比起失败，更害怕成功

人体有一种状态被称为 homeostasis，意思就是"体内平衡"或是"内稳定"，是指人维持机体环境的稳定的一种状态，面对不同程度的变化时会有不同的生理等级来应对。

青蛙一下子跳进热水里会觉得很烫，想要蹦出来，但如果是青蛙跳到凉水中后再将水慢慢加热的话，等它意识到水温变化时应该就要被煮熟了。

突然跳进热水里会难受并反抗，但一点点把水加热它反而没有知觉。这就是重点。

人的潜意识也会十分抵触突然的变化。所以，我们要让它在不知不觉中慢慢适应习惯。

人，比起失败，更害怕成功。

这句话出现在这里你可能会觉得十分突兀，但这就是事实。如果一个人在成长的路上太过一帆风顺，他就会很疑惑，还会忽略掉许多的过程。这就是恐怖之处，就类似于人会害怕死亡一样。因为人是一种会害怕踏入未知世界的生物。

·利用"期待效应"来超越极限

斯坦福大学曾有一名叫罗杰·班尼斯特的长跑运动员。有些人可能不知道，在国外有一个名为"一英里竞跑"的比赛，其赛程为 1600 米。当时所有人都觉得人跑 1600 米用时绝对在 4 分钟以上，但打破这个魔咒的第一人就是罗杰·班尼斯特。

这个事件是后来被称为"期待效应"的典型事例。这种现象是指，当暗示或肯定一个人有能力做到某件事时，那他就可以做到那件事。

在日本的田径界也发生过相似的事情。那是在昭和三十年（1955）的时候，我参加了一位当时很有人气的田径运动员的演讲会。他曾这样说过："在昭和三十年的时候，要是有人说要在 10 秒以内跑完 100 米，那他一定会被认为脑子有问题，但现在大家都觉得这是很正常的事情。"如今已有日本运动员 100 米短跑突破 9 秒的成绩。

告诉一个人"你可以的"，他就会觉得："如果其他人可以做到这件事，那我也来试试吧。"然后这个念头就会一直盘踞在他的脑海中。

现在我们就以评量提问的方式来实践一下吧。

3-5 测试置信度的评量提问

评量提问（Scaling Question）是指通过反复提问，并以数值的形式来表示自己当前状态的一种心理咨询方式。你可以运用这种方式让自己的大脑与潜意识做一个"温水煮青蛙"式的实验。

·行动起来瞒过大脑

在之前的步骤2-4当中，我们预测在1年后、3年后、5年后、10年后、15年后、20年后、25年后、30年后自己的状态。现在假设要在一年时间里挣到3000万日元，让我们运用这种方式来实际操作一下。

① 决定从0分到10分之间的位置

假设起始的状态是0分，目标完全达成是10分。你需要在0到10之间选择一个数值来代表自己的状态。

如果要具体来表示的话，我们可以用走 5 米的距离代表 0 分到 10 分的范围，要是家里没有那么大的空间，可以用行走的步数来代表相应的分数。

② 前进到 1 分后，问自己一个问题

假设现在的状态为 0 分，经过一年努力之后的状态为 10 分，那就先往前走到 1 分的位置吧。为了向着一年以后的理想状态而努力，你可以站在 1 分的位置上问问这时的自己：

"身体状况怎么样了？"

"生意做得怎么样了？"

"和家人关系怎么样了？"

"家人和孩子都跟你说了什么？"

"和朋友们都相处得怎么样了？"

除此以外，到了 1 分的位置后，可以再想象一下其他方面，比方说日常生活、感兴趣的事情、未来想做的事等。

③ 走到 2 ~ 4 分的位置上，再来问自己相同的问题

然后再前进一步，走到2分的位置后，再来思考一下刚才的问题。

再走到3分、4分的位置，重复以上操作。

④ 走到 5 分的时候，补充一个问题

假设现在你已经站到5分的位置上了。希望你能再重复问一遍刚才的问题，并认真地感受思考。

在5分的位置上需要再追加一个问题："当一年后的目标实现之后，你会感觉渐入佳境，但可以用什么来证明这一种状态呢？"

这时，希望你回想一下自己顺利走到这里的感觉。这一步骤就是在让你"回忆未来"。

⑤ 走到 6 分、7 分的位置后，询问自己同样的问题

紧接着，你走到了6分的位置。

想象一下你走到6分的时候，收入已经开始有了变化。这时，你的身体状态怎么样？身边的人又是什么样的？你还可以用什么来代表你这时的状态？

就像这样，一步一步地让自己慢慢接受并习惯这种

方式。

到 7 分的时候也按此进行同样的操作。

⑥ 到达 8 分的时候，改变问题的表述方式

8 分的时候，稍微改变问题的表述方式。

朝着一年以后的目标前进，在收入开始有起色的 8 分的位置上，你感觉到此时的身体状态有什么特别之处吗？人际关系如何？还可以用哪些方面来证明这一点？

⑦ 到达 9 分的时候，改变问题的表述方式

到 9 分的时候，再来改变一下问题的表述方式。

请想象一下：当一年的目标实现时，你已有了理想的收入，此时你的身体状态如何？与周围人有着怎样的联系？还有什么肉眼可见的变化？

⑧ 到达 10 分的时候，对自己进行最后的提问

这时你已经走到最后一步了，证明你已经达成了目标。

实现一年以后的目标，也得到了一年前预想的收入。这个时候的身体状态怎么样？和朋友保持着怎样的关系？和家人的关系又怎样？自己的日常生活又怎样呢？

如果想马上就改变一切的话，体内的平衡机制就会做出反应，可能还会反弹。所以需要哄着自己的潜意识，叫它慢慢接受，让它明白："噢，原来是这种感觉啊。"

然后分别按第3年、第5年、第10年、第15年、第20年、第25年、第30年的节点，照着①～⑧的步骤如法炮制。在一个阶段结束的时候，尝试跳出这个时间轴，放松身体，让这些记忆深深地烙印在你的脑海当中。

· 在每天起床发呆的时候做这件事

进行评量提问最理想的时间就是每天睡觉前与起床后，也就是在你发呆的时候。我到现在也会经常这么做。早上起床发呆的时候，先想象自己1分的状态，直到10分。

因为刚刚起床的时候，你的头脑还不清醒，这时潜意识就会出来活动，所以在这个时候灌输自己一些想法是最好的。

另外，我们每天反复做的事情，做得越多，在经济状况、与朋友家人的关系、日常生活等方面的变化就会越发清晰地反映出来，身体的状态也会随之改变，对于未来的记忆也就一点点地被勾勒出来了。

在平行世界当中，不同等级的自己同时活动在不同的

瞒过大脑的评量提问

世界，你可以自由地去到任意一个世界。想要看到高级的世界中成功的自己，那就可以依靠想象去到那里。你想象出来的事情越多，越具体，越趋于真实，走向高级的世界也就越容易。

所以，尽情幻想，当作游戏一般试试看吧。

另外，在走向 10 分的过程中，你可能会遇到一些不顺心的事情。比方说，在工作有起色的时候，陪伴孩子的时间越来越少，也没有时间做自己喜欢的事情了，上缴的税费也是越来越高……有很多人都面临这样的问题。

这个时候就将你遇到的问题记录下来，方便你下一步来解决它。

通往那个自己已经获得成功的平行世界

第四步

改写出自己理想的现实世界

4-1 向大脑与潜意识埋设思维"陷阱"

· 积极向好的感觉会塑造现实

在前面，我们提到了"17层级意识能量"，其中第9层级，在能量层级的中间位置，是一种偏中间的能量意识。

第7层级的能量意识是"主动"，正如它的字面意思一样，如果人主动地向前走，心情也会是乐观的，事业往往也会一帆风顺。

米尔顿·艾瑞克森是我研究的心理治疗师的其中一位。艾瑞克森曾这样说："目标并不重要，重要的是奔向目标的那种感觉。因为前进的感觉可以帮助人创造出现实。"

约翰·列侬曾说："所谓才能只是庸人寻找的借口。唯一存在的只有相信自己的这种感觉，这才是真正的才能。"

这两人说的话仿佛都在强调着同一件事情，那就是"相信自己可以"的感觉，什么问题都可以迎刃而解。靠这一点就可以创造现实。

· 设置思维"陷阱"的具体步骤

潜意识是很单纯的，重要的是你有着怎样的感觉。因此，你可以给潜意识设置陷阱，让大脑产生错觉，并且从第 1 年到第 30 年，每一年都要这样做。

首先，在第 1 年，为了成为理想的自己，你已经调整好了思维逻辑层级，并确定自己已完成了目标。接下来请这样做：

① 把要做的事情详细记录下来

就是把你具体要做的事情写在一张一张的便笺上。如果一年当中要做 5 件事，就分别写在 5 张便笺上。

② 决定便笺贴在"当前的自己"的位置还是"1 年后的自己"的位置上

在地板上划定当前自己的位置与一年后目标达成的位置。假设为了达成目标你需要做到 5 件事情，那就贴 5 张便笺上去。

最好在第 1 张、第 2 张、第 3 张便笺之间留出 1 米左右的间隔。

③ 每前进一步就确认一次

先站在现在自己的位置上，然后朝着一年后目标达成的位置前进。当你走到了第1张便笺的位置后，告诉自己："做好这件事我就能前进一步了。"接着再向前一步到第2张便笺的位置，告诉自己："再做好这件事，我又能往前走了。"然后来到第3张便笺的位置："来吧，继续干。"就像这样，一边想象着自己完成了这件事，一边向前进。直到来到最后一张便笺处，确定自己已经做完了所有的事情，这个时候，请先暂时结束这个流程。

然后再从头开始，将这些步骤重复3次。

④ 加大便笺间的距离

这一次，将便笺之间的距离拉开超过1米，空间允许的话，间隔3米是最理想的。

然后从第1张便笺开始想象自己完成了这件事，然后向前移动3米到第2张便笺的位置再想象自己做完了这件事，直到走到最后，又回到最开始的位置。

⑤ 缩小便笺间的距离

最后一次，尝试这样做：

将便笺的距离全都缩小到 1 米以内。然后再重复刚刚的步骤，因为距离比较短，很快就可以完成了。完成之后，走出来，再返回到"当前的自己"的位置。

按照以上步骤重复 3 次。

依照这个流程，可以做到第 1 年、第 5 年、第 10 年、第 15 年、第 20 年、第 25 年、第 30 年等。但这到底是在干什么呢？其实，这就是在压缩你的时间轴。

· 营造一种"目标马上就能完成"的感觉

我们已经想象完成间隔 1 米位置时应该做的事情。

然后将间隔调到 3 米。相对于 1 米的距离，这次距离远了，所以走到下一张便笺的位置所花费的时间也增加了，让你感觉达成这个小目标会花费更多的时间。这么做的目的就是刺激自己的大脑。

最后我们又缩短便笺之间的距离，把它们全部调到 1 米之内。这时你就会感觉自己很快能完成目标。

当距离变长，完成任务所需要的时间增加，感觉完成目标所需要的时间更长。而把便笺全都缩短至 1 米以内的话，就会感觉很快就能达成目标了。

这就是一种思维"陷阱"，通过缩短时间来"欺骗"大脑。

你可以选择去努力奋斗达成目标，但如果可以的话，少点辛苦是更好的吧。所以，如果你想要快一点完成目标的话，那就缩短奋斗时间，让分分钟就能冲到终点的这种感觉深深地刻在自己脑子里吧！

压缩时间轴的思维"陷阱"

·如何将思维"陷阱"运用到日常的工作与学习中

我请过很多商业人士以及备考的学生来尝试这个思维"陷阱"模式。

当一天有很多事情要做的时候，他们就会提前安排好先做什么，后做什么，然后一件件地写下来。然后同样地，在上述的目标线上来回走 3 次，最后尝试缩短距离。在埋头工作、备考学习的时候，这会帮助他们快速完成目标。

正所谓感觉塑造现实。这是向大脑的潜意识设置陷阱的方法之一。我也请了各类的企业来尝试这种方法，目的是提高生产效率。

觉得自己可以管理好时间的人工作效率就高，认为自己管理不好时间的人工作效率就低。其中的原理就是这么简单。

4-2 站在未来视角创造"过去"

普通人都想变成有钱人，但却很难实现这个愿望。这是因为你只是在一直对自己说"变成有钱人"这句话而已。

也就是说，并不是一直嘴上说着"我想变得有钱"就可以实现这个愿望，因为这时你的潜意识活动实际上是在让你远离金钱。到最后你就会深信你现在并不是一个有钱人。

· 让时间从未来流向过去

一般来说，时间都是从过去流向现在，再流向未来。但其实，应该是反着来看待：时间是从未来流到现在，然后再流至过去的。

假设你过去曾说过："我想变成有钱人。"现在，你就要告诉自己："过去的日子又苦又穷，但经历那些苦难是走向成功不可或缺的一部分。"

假设你过去曾说过："未来，我要100%的幸福。"那么，你就要告诉自己，"目前这样80%的幸福度是我可以接受的，从现在开始我要好好观察现实生活了"，并开始有意识地去收集幸福。

这样的话，你就要重新审视过去：做好了这件事，我就可以变得更幸福。

如此，就会产生一种现象：过去的事情好像都被赋予了特殊意义。

如果你设想未来的年收入要到10亿日元，那么倒过来算，现在的年收入是5亿日元，便也是合情合理的。

将时间看作从未来流向现在，再流向过去，然后努力向你理想中的生活靠拢。

因为我们将时间视为从未来流向现在，再流向过去，所以如何规划未来会影响着我们如何改变当下。

PAST　NOW　FUTURE

将时间视为从未来流向现在，再流向过去

· **塑造未来视角的过去**

现在我们来试着创造未来的你眼中的过去。

在步骤 2-4 中，我们已经规划出在 1 年后、3 年后、5 年后、10 年后、15 年后、20 年后、25 年后、30 年后自己理想的状态，达到怎样的收入水平。以此为基础来进行接下来的操作。

比方说，在第 12 个年头来回顾一下两年前，也就是在第 10 年自己的状态。

假设现在是 2020 年，10 年后是 2030 年，再往后的 2 年是 2032 年，这时来回顾一下在 2030 年你的样子。结束之后，分别再在第 20 年、第 30 年两个节点这样复盘一次。

现在我来讲述具体如何操作。

假设现在已经是 12 年后的 2032 年，我们来复盘一下 2 年前 2030 年的事情吧。首先请先想象列举出你这时的理想状态：

· 那个时候你在哪儿呢？

· 意识到 2030 年目标实现时，你身着怎样的衣服？

· 在 2030 年就要实现目标的前一刻，你正在干什么？

· 意识到 2030 年目标实现时，你在小声嘀咕些什么？

· 意识到 2030 年目标实现时，你会有怎样的心情？有闻到什么味道吗？

· 意识到 2030 年目标实现时，你的体感温度怎样？觉得身子热乎乎的，还是凉冰冰的？你把这件好事第一个分享给了谁？当时对方是怎样的反应？对你说了什么？

· 意识到 2030 年目标实现后，你又做了哪些事情呢？

然后再在 2032 年来复盘从 2020 年至 2030 年的 10 年，这期间你具体做了哪些事情？有成就感吗？对你有什么好的影响吗？

　　·在 2020 年的时候，你想变成什么样的人？有什么理由吗？

　　·在 2030 年实现自己的目标，这对于你的整个人生规划有怎样的意义？

· 从你崇拜的两个人那里寻求建议

　　这是最后一步。请先列举出你很敬重、崇拜的两个人。比如像运动队的教练、戏剧中的舞台编导、电影导演等那些可以帮你在宏观上规划人生的人，向他们寻求一些建议是非常重要的。

　　假设自己就是你所崇拜的人，站在他们的视角来审视在 2030 年目标达成的自己。

　　先放松身体，想象自己变成你敬仰的 A 先生吧。向眼前的自己提出些建设性建议，告诉自己如果 2030 年目标达成会对自己有怎样的帮助，要怎么做才能更顺利实现目标，等等。

　　然后再想象变成你敬仰的 B 先生。参照他以往的见解对自己提议，比如："目前这样的做法虽然行得通，但其实有更好的办法，更高效地来达成目标。"

"12 年后的自己"来审视"10 年后的自己"

最后再回到自己的身上。

现在仿佛你的面前就站着你敬仰的 A 先生和 B 先生，虚心接受他们的建议："原来如此。还有这种办法啊！这对我下一个 10 年计划很有帮助啊。"

采用这个方法你就能将未来的想法投射到过去的事情上。

4-3　坚定信念，重新出发

　　我所敬仰的人里，其中一位是坂本龙马，一位是斯蒂夫·乔布斯，他们也是很多人的偶像。乔布斯有时对我会很严厉："这种事情，你要自己想啊。"但是这对我来说也是一个重要的启发点。

　　仔细揣摩他们说的话，以他们的视角看待问题，可以让我得到更多的启发。这就是一种从集体潜意识中获得启示的方式。因为我们自己的想法是十分有限的，而集体潜意识凝聚着很多伟人的智慧，没有道理不好好利用。

　　本书的开篇就引用了托马斯·爱迪生的名言："体力劳动能挣碎银数两，脑力劳动可创财富无限。"体力劳动是个人意识思考的结果，但通过设置思维"陷阱"，让大脑学习吸收各种知识，让集体潜意识为自己开路，就可以做到利用智慧来创造财富，而且还能延伸出更多无限的财富。

2008 年金融危机的时候，很多人都开始深信全球经济陷入萎靡，现实也正如他们所想的那样，周遭的经济状态都变得越来越差。这就是为了让自己贴合现实情况而作茧自缚的例子。

而那些做事很顺利的人则会树立坚定的信念，带着这份信念去塑造现实。比如金融危机时就有很多人都在雷曼兄弟公司破产一事中挣得盆满钵满。

告诉自己："我就是这样的人，所以我要创造这样的现实生活。"

周围人可能会质疑你："怎么可能啊？""年收入 10 亿日元？你脑子还正常吗？"

但是没关系。10 亿日元对你来说是必需的，可以用它创造你理想的生活，所以要挣到手。能够这么想就足够了。只有抱有坚定的信念你才能开创未来。

这一点，我深有体会。参与我研究过程的很多成功人士都在平均 5 年的时间里，个人年收入突破了 1 亿日元，而他们所坚持的就是同样的方法。

· "年收入 1 亿日元也就是这么回事"

我访问过那些成功人士，当他们年收入达到 1 亿日元时的心情。

"年收入 1 亿日元，其实也就是那么回事儿。"他们的回答总结起来是这样的。

这是因为他们在自己的意象训练中已经塑造过很多次未来视角中的过去，已经习惯了年收入达到 1 亿日元的这种成就感。所以他们会感觉到"也就那么回事儿"，这并非情绪不高。

先在想象中体验一次，然后再到现实生活中体验一次。并不是让自己去迎合大众的思想，而是先树立起自己的信念，然后依此来调整自己。

紧接着，我们从时间上下手，创造出"未来眼中的过去"。这一步是十分必要的。就像玩游戏一样，先尽情幻想一下。

当你想象出了未来的样子，就请马上写下来。这样做的次数越多，你刻画出来的未来的轮廓就越清晰，相应地，它会渐渐投射到你当前的现实生活中。现实就会真的朝着你规划的方向行进下去。

4-4 协调大脑的海马体与前额叶皮层

大脑内部有一个部位被称为海马体。它负责储存或抛弃你的某些信息，同时也会在面对压力时做出反应。在它的前方，有一个被称作腹内侧前额叶皮层（VMPFC）的部位。当海马体接收到外界信息后，腹内侧前额叶皮层就会进一步产生"我是这样的人"等认知。

腹内侧前额叶皮层会处理目的性强的信息，从而发出指令，如："因为主人很软弱，所以我要为成全他的软弱而工作""世界并不是主人想象的那样，所以我就要以他的想法为前提而工作"。

· 在秒表的游戏中，腹内侧前额叶皮层也是关键

我们之前介绍了一个实验：在不看秒表的情况下将时间准确定到 5 秒的位置。参与者在利用通过电脑随机选择出的秒表来挑战的时候，成功了大脑显示心情愉悦，而失

败了会很沮丧，而用自己选择的秒表来挑战，即使成功了也不觉得多么激动。因为他们会觉得用自己选择的秒表挑战成功是理所当然的，而在失败时反而会表现出兴趣："怎样才可以做好呢？"

这就是腹内侧前额叶皮层做出的反应。

有喜忧过甚的结果出现，不成功时就陷入负面情绪，这种情况的出现就是因为缺乏自我掌控感。因为没有掌控感，也就不清楚自己的真实目的，所以要及时更正这一点。

A 因害怕失败而从不挑战新鲜事物。所以他面临的就是喜忧过甚的结果，当不顺利的时候就会发牢骚。

B 抱着"失败就当是学习了"的心态在积极挑战新鲜事物。因为他对自己的人生有足够的掌控感，所以就算他失败了，他的反应也只会是："啊，我失败了，但我应该怎么做才对呢？"然后再次行动。

你觉得谁能坚持挣到大钱呢？

A 因为害怕失败而从不主动出击，而 B 则会笑对失败，认为自己失败是因为还没找到新的解决办法。

拥有了对自己人生的掌控感，不论做什么，成功率都会提高。谁会坚持寻找财富且拥有财富？答案显而易见。

·过量的皮质醇将淹没海马体

那么，怎样才能提高自己的抗压能力，让自己拥有掌控感？具体要怎样平衡海马体与腹内侧前额叶皮层的神经活动呢？需要怎样训练呢？

当处理一些令人痛苦的信息时，大脑会相应地做出反应，向肾上腺发出指令，释放出一种名为皮质醇的应激激素，警告危险的来临，并要求身体做出反应来处理问题。

但是，储存记忆的海马体如果接收不到任何有用的信息，是不会采取行动的。

皮质醇会再次发出信号："快点行动啊，发生危险了。"但是海马体却表示"我不知道怎么办才好呀"，这时二者会出现矛盾。

这会导致什么情况呢？皮质醇大量进入海马体，海马体会受损。它所负责的神经出现衰竭，储存记忆的功能下降，记忆力越来越差，严重时会导致患上阿尔茨海默病。

"这个世界没我想的那么简单。"
"我什么也做不了。"
"我无法排解内心的烦恼。"
当大脑接触这样的信息后，腹内侧前额叶皮层也在接收信息并做出反应："我是个废柴啊，我好软弱啊，我没有价值，那么就配合这样的前提条件来给身体下达指令吧。"所以说，我们要避免这样的事情发生。

对此，及时做出一定的调整是十分有必要的。

· 锻炼海马体将皮质醇当作养分

皮质醇就是一种应激激素。但实际上遇到异常情况时，皮质醇的释放也会有助于海马体的活动更加活跃，让你在面对失败时变得更坚强。这就是提前让海马体适应的过程。

我有过这样一次经历，有一次去高级餐厅时，看到桌上摆放着好几种刀叉，还有3种不同的排列整齐的玻璃杯，我就很纠结："要用哪一种呢？"结果纠结来纠结去，都没能好好品尝眼前的菜品。

但当我后来习惯了以一种固定的顺序来使用这些餐具后，我就能好好品味美食了。所以，习惯很重要。

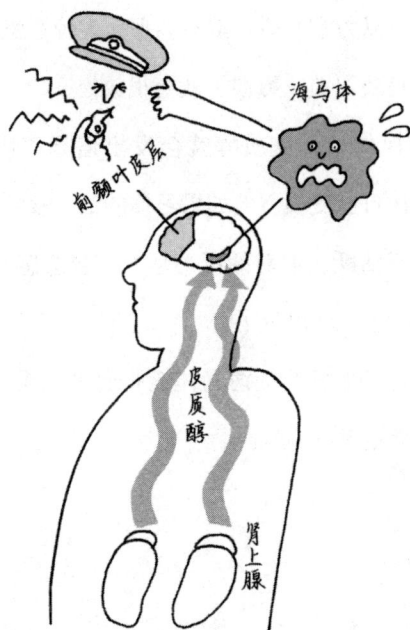

海马体与前额叶皮层

刚二十出头的时候，我曾做过时装设计师，每一季度都会开一次时装秀。模特们昂首阔步地走上 T 台，又潇洒地走回来。而在舞台背后他们就好像奔赴战场一样，不断地迅速脱掉身上的衣服再换好新衣服，必须在有限的时间里展示所有的服装，他们就是在和时间赛跑。

一般的男性看到漂亮的女人会不由得有些紧张，但如果作为工作习以为常的话，就不会那么大惊小怪了。

　　重要的是要习惯。习惯了就会很放松。

　　没有习惯的话，皮质醇就会发出信号"快做点什么啊"，从而让自己受损。但如果习惯的话，皮质醇越分泌，海马体就会越活跃。面对的压力越大，越会感到有趣，自我主宰的掌控感也就出现了。

　　预料之外的事情会让海马体慌张而手足无措，所以要注意尽量周全地考虑问题。

4-5 利用"消极思考战略"
筛选想回避的事情

在之前的步骤3-5中，我们以第1年、第3年、第5年……为时间节点进行过评量提问的训练。

在这个过程中，你可能会有这样的感觉，"太忙了，都没时间休息娱乐了""不得不讨好自己不喜欢的人""太出名了，都不能自由地去玩了"……如果冒出来这些麻烦的事情，请把它们都记录下来。

请在之后的30年里，每一年都这样做。问自己，为了取得必要的收入，你应该避免哪些问题？以及在目标达成后你有哪些需要解决的问题？把这些都整理出来。

须避免的情况：

目标收入没达成→深信："世界没我想象的那么简单。"

讨好不喜欢的人→深信："实现目标是很麻烦的事。"

目标实现后没有了玩耍的时间→深信："有了知名度之后，不小心在网上说错话都会被喷。"

并不是因为遇到了不顺心的事情而让你产生了一些消极心理，而是你本来就带有某些情绪，从而导致不顺心的事情发生。

大脑是会反向活动的，当遇到不好的事情，它会发觉："噢，原来你一直都抱着这样的想法啊。"如果是这样，那我们最好先下手为强，抛开自己的那种消极情绪，后续的糟糕事情也许就不会出现了。

为此，我们需要整理出自己内心的真实想法，然后再来判断，过去的那些经历中有没有什么值得你感恩的地方，有没有什么能让你庆幸的地方。

· 想想要规避的事情以及不愿看到的事情的好的一面

"你有什么特别不想看到的事情吗？"

"营业额下降。顾客减少。"

"除此之外呢？"

"……没有了。"

与生意不顺利、身体抱恙的人谈话时，发现他们几乎没有什么想规避、不想看到的事情。因为他们根本不想面对那些让他们难受的事情。

因为想到这些事就会心情不快，所以平常他们是不会刻意去想这些东西的。所以，他们的营业额上不去，心病也治不好。

不要去故意逃避那些自己不愿面对的事情，就算是面对最差的情况也要这样想："虽然事情的走向不太理想，但我也收获了开心。"也要学会感恩，努力去寻找一些应对方法，重新掌控自己的人生。这样，前额叶皮层也会恢复活力，以后做事的成功率会越来越高。

所以说，请对你不想面对的事情做一个彻彻底底的清查整理，从而促进大脑的新陈代谢。

当发生了你不愿看到的事情时，你刚开始可能会有些慌张，觉得事情不妙，但你的海马体则会表现得十分淡定："没事儿的，这早已是我预料之中的事情，不要担心。因为我已经有了备选方案。"通过这样来调节海马体，它的容量会越来越大。

这样，你的抗压能力也会得到提升。

·唐纳德·特朗普实践得出的"负面思考战略"

通过利用一些负面心理来达到某种目的，这在商业上被称为"负面思考战略"。第45任美国总统唐纳德·特朗普就很擅长使用这个方法。

他原本是房地产大王。他在所著的书当中提到他有一套"自己的方法"。例如，在投资大型的房地产项目时，他会提前整理出如果投资失败，将会损失多少钱，会引发什么影响，有着怎样的风险，等等。

然后再去设想：如果真的投资失败，如何弥补金钱方面的损失，怎样减少不良影响，各种风险都要怎样一一应对。当可以确定自己完全有能力应对这些风险后，再来采取行动。这就是他的规矩。

当然他也有很多失败的例子，但即使是失败了，也都在他的预想之中。"没关系，会好好考虑出对策的。"他的海马体的表现并不慌张。

"负面思考战略"让海马体不再慌张

　　通过调整海马体，随时接受外界信息并主动代谢更新，可以让自己重新认识自己，发现世界上还有自己从来没有注意过的东西，让自己明白要坚持怎样的信念来行动，并将信息传达到前额叶皮层。

　　前额叶皮层接收到新的信息后，从更高阶的运动皮层向全身下达指令。然后身体开始新陈代谢，带来新的思考，随之引起行为举动的一系列变化，最后它会反映在我们的现实生活中，使人生朝着更好的方向发展。

第五步

利用集体潜意识来寻找答案

5-1 开启集体潜意识的方法

终于，你来到了磨炼潜意识的最后一步。

协调海马体与前额叶皮层，让你养成新的思考方式，以此来让你做出新的选择，带给你新的变化，而现实生活中的变化也包括人际关系的变化。

比方说，以前关系十分要好的朋友渐渐与你疏远，从长远来看，这是不可避免的事情，但这也是现实生活开始变化的表现。

只盯着眼前"一亩三分地"看是看不出什么来的，试着向远调节焦距，你就会渐渐发现，这只不过是实现更大目标过程当中的一部分，然后海马体与前额叶皮层会愈加坚强。

·不要一个人苦思冥想，学会依靠集体潜意识

现在我们已确定了自己的生活目标，也都十分清楚自己人生的价值了。为此我们所需的经费、必需的收入等信息，大脑也已经一一接收到了。

那么，怎样完成目标才会更有效果呢？这就是最后一步的工作。我经常说："答案就在我们自己心中。"接下来就告诉大家具体如何引导出自己内心的答案。

比方说，有一个很现实的问题，你觉得学习市场营销或生财之道都是很有必要的，对吧？但是，只靠你一个人的力量琢磨这些知识，你得到的结果会十分有限。而最好的方法就是依靠集体潜意识。

这个世界上有很多的岛屿与大陆，看上去都是各自单独存在的，但是在大洋底下，海底将它们联结为一个整体。假设岛屿与大陆就是我们个人的想法，海底联结的世界就是集体潜意识，其中汇集着伟人们的思想结晶。

因此，我们要主动从集体潜意识当中借取智慧。

我们经常听到这样的理论，"人脑的潜能只开发了5%"，其实，人类大脑的开发率没有达到90%的原因之一，就是没有活用集体潜意识。

· 探询集体潜意识的方法

假如你已下定决心最晚在 20××年，年收入要达到 1 亿日元。想实现目标，就请这样小声暗示自己："未来'真正的自己'啊，我在某月某日之前要做到这件事，为此我在努力准备着必需的物质、环境、人际关系、知识、能力、信息、情绪等条件。"在睡前做效果最好，不过白天也是可以的。

告诉潜意识你目前的情况，然后再这样问："我要怎么做才能达到目标呢？怎么做好这些必要准备？"念叨着这些问题进入梦乡。

我也经常在睡前嘀咕些什么，大多数情况下，我的答案都会出现在梦中。所以我会在床边放好纸和笔，或是手机，当梦到什么时，为了让自己不要忘记就立刻记录下来，或是用手机编辑保存好。

5-2 记录并分析你所注意到的事情

"我的潜意识,未来'真正的自己',我在某月某日之前要做到这件事,为此我在努力准备着必需的物质、环境、人际关系、知识、信息、情绪、经验等条件。我要怎么做才能达到目标呢?怎么做好这些必要准备?"

在白天一边这样嘀咕,一边记录下日常生活中不起眼的小事——你干了什么,遇到了谁,聊了什么,对此有什么想法等。

可以使用在大学中常用的那种笔记本,将一页对折,左半边写发生的事情,右半边写你的看法。

例如:

【左半边】早上起床看了电视。

【右半边】注意到一位评论员说的话。我为什么会好奇呢?感觉有点不能苟同。B 先生的建议很有意思……

白天吃了什么？饭后去见了什么客户讨论工作，对此有怎样的感想？将这一天所做的事、所见的人和事、所想的内容都一一记录下来。过了几天之后，笔记就会渐渐多起来。差不多积攒一周之后，再来回顾一下：这些事情之间有什么共同之处呢？问问自己，寻找其中的共通点，向自己的潜意识寻求帮助，获得怎么做才能完成目标的启发。

集体潜意识会给你启发

194

当你探索内心时，其实事情就已经开始悄然变化了。这是非常奇妙的一件事。

比方说，父母会突然提起一些陈年往事，向你道歉，这种类似的事情会越来越多。借用别人说过的话，或是电视台评论员的发言、新闻报纸上的评论等，从各种渠道开始为自己收集灵感。接下来，再来问问自己这些灵感与启发有什么意义。

·借助梦中的蜘蛛网来解决生意问题

以前当我遇到一个急于解决的生意上的问题时，我就在睡觉前这样嘀咕暗示自己："潜意识啊，现在我有个生意上的问题必须解决，但我具体要怎么做呢？应该运用什么方式或策略呢？"

有天晚上我做了一个这样的梦：在一个明亮的体育馆里，布满了蜘蛛网。半夜起夜上厕所的时候，觉得好可怕，还很恶心，重新上床后又倒头睡着了，结果梦到的还是蜘蛛网。

我在睡觉前明明想的是如何解决生意上的问题呀，做的这个梦有什么意义呢？我重新认真地回想了一下我做的梦：体育馆里面有一只很大的蜘蛛，在那里一动不动，我看到它吓了一跳。

我认为这可能是在暗示着我什么，怕忘记，于是醒来后就马上记了下来。到了白天，我又开始想："那只蜘蛛，是想告诉我什么呢？"

我想了3天，终于找到了答案。关键就在"蜘蛛网"。我利用这个灵感去行动，我的生意难题就迎刃而解了。

之后我与我的一位管理层的客户聊起了这件事，他说："这个方法好有意思呀，可以传授给我们公司的员工吗？"

对方问我要收多少出场费时，我觉得这是一个简单方法，随口一说："100万日元。"结果没想到，对方当场就与我敲定了这笔生意。

·再试着探索自己的潜意识

关于蜘蛛网的梦不仅帮助我解决了生意上的难题，还让我又谈成了一单生意，这让我想要从中获得更多。蜘蛛网还能暗示我些什么呢？3天后，我突然意识到一件事。

"不要急于寻找原因，而是要谨慎稳重地来织网，静静地等待。因为无论是生意不顺利的原因，还是身体不健康的原因，最终都会坠入这张网中。"这就是蜘蛛网在暗示我的东西。

我要织一张可以筛选出失败原因的大网。另一方面，我当时做了一个"108个问题清单"，给别人做咨询指导的时候，可以利用它帮助他们找到自己失败的根本原因，让他们渐渐走进理想的生活。

又在3天后，我灵光一闪发现：天才是可以后天创造出来的。

天才的大脑往往是会带动着视觉、听觉、味觉、触觉、嗅觉等神经一起来处理信息的。比方说，这个视频有着什么味道，这个声音有着什么颜色，再或者这个味道有着怎样的温度等等，同时发动五官来处理信息，这就是"联觉现象"。

钢琴家辻井伸行虽然眼睛看不见，但我听说他可以"看见声音"。他就是利用其他的感官来弥补自己的视觉缺陷。"天才脑"是可以被创造出来的。这就是我从蜘蛛网中得到的启发。

在意识到这一点之后，我就构建起了本书内容的主要框架。

5-3　将从潜意识中迸发的灵感
　　　转化为行动

　　普通人拼命去改变摆在他们眼前的现状，但却不明其中缘由，所以前进路途坎坷。

　　我想要对后设潜意识一探究竟，也是因为它是现实生活的背景"容器"。当这个容器改变时，现实也会随之发生变化。向集体潜意识借助智慧也正是这个道理。

　　为什么说好好听听电视评论员的话是很有必要的呢？为什么吃午餐是很有必要的呢？为什么要倾听街上婆婆们说的话呢？

　　这些小事都是有意义的，这么做能让潜意识帮我收集灵感。

　　我们要习惯运用这种方法。

　　你可能会在突然之间找到答案，也可能像我一样即使习惯了这种方式，也需要花上几天时间才会找到答案。但是，如果你运用这种方式越熟练，就能越快察觉到自己想要的答案，然后把它转化为实际行动，渐渐地，你的生活就会发生改变。

普通人都不会去深刻地剖析自己的潜意识，只觉得要多学点商业知识，多写点市场营销方案……但对你来说，这些真的需要吗？

剖析集体潜意识的确是让自己成功的最快、最有效率的方法。这是因为，自己才是最清楚自己心中答案的人。

后　记

赚 1 万日元与赚 1 亿日元，对大脑的运作来说是一样的。重要的不是金额，而是赚钱这个行为。

"那为什么赚到 1 万日元挺简单的，赚 1 亿日元那么难呢？"

这个问题我在书中开头部分就提出来了。这是因为你内心深处觉得挣 1 亿日元太难了。我们要改变扎根于你内心的这个想法。不是说能不能做到，而是要告诉大脑，我要赚到 1 亿日元。

日本经济新闻记者、日银总裁、海外经济学家等权威代表都曾预测："在东京奥运会的繁荣过后，日本的经济会直线下降，我们将面临不可预想的经济萧条。"

对此我的理解是，2020 年以后，社会趋势会发生大转变。也就是说，接下来的时代里，资本主义快要行不通了。那么，在这样的大趋势下，如何才能拥有可以汇聚财富的人格？如何才能变成社会所需要的人才？

爱迪生曾说："体力劳动能挣碎银数两，脑力劳动可创财富无限。"我已经把汇聚财富的方法划分成 5 步分享给了大家，潜意识会帮助你找到"真正的自己"来经营人生。

为此，我们需要一些必要的资源。不要让自己的信念去贴合现实，而是要重建内心的坚守，将其引入现实世界。这样才能帮助你接近财富，充分发挥个人价值。

为此，也希望您可以反复阅读，能够活用本书所述内容。

最后十分感谢您能看完本书。

2020 年春

梯谷幸司

图书在版编目（CIP）数据

主要看你怎么想 / (日) 梯谷幸司著；陈佳玉译. —— 成都：天地出版社, 2024.9
ISBN 978-7-5455-7486-9

Ⅰ. ①主… Ⅱ. ①梯… ②陈… Ⅲ. ①心理学 – 通俗读物 Ⅳ. ①B84–49

中国版本图书馆CIP数据核字（2022）第237744号

"MUISHIKI WO KITAERU" by KOJI HASHIGAI
Copyright © 2020 Koji Hashigai
All Rights Reserved.
Original Japanese edition published by FOREST Publishing, Co., Ltd.
This Simplified Chinese Language Edition is published by arrangement
with FOREST Publishing, Co., Ltd. through East West Culture & Media
Co., Ltd., Tokyo

著作权登记号　图字：21-2022-350

ZHUYAO KANNI ZENME XIANG

主要看你怎么想

出品人	杨　政
作　者	[日]梯谷幸司
译　者	陈佳玉
策划编辑	刘　可
责任编辑	杨　露
责任校对	梁续红
装帧设计	杨西霞
责任印制	白　雪

出版发行　天地出版社
　　　　　　（成都市锦江区三色路238号　邮政编码：610023）
　　　　　　（北京市方庄芳群园3区3号　邮政编码：100078）
网　　址　http://www.tiandiph.com
电子邮箱　tianditg@163.com
经　　销　新华文轩出版传媒股份有限公司

印　　刷　北京文昌阁彩色印刷有限责任公司
版　　次　2024年9月第1版
印　　次　2024年9月第1次印刷
开　　本　880mm×1230mm　1/32
印　　张　6.75
字　　数　114千字
定　　价　42.00元
书　　号　ISBN 978-7-5455-7486-9